EINE KLASSE FÜR SICH

HISTORISCHER SCHIFFSINNENAUSBAU

DER DEUTSCHEN WERKSTÄTTEN

DEUTSCHE
WERKSTÄTTEN

HERAUSGEBER:
DEUTSCHE WERKSTÄTTEN

SANDSTEIN VERLAG

EINE KLASSE FÜR SICH

HISTORISCHER SCHIFFSINNENAUSBAU

DER DEUTSCHEN WERKSTÄTTEN

KRIEGSSCHIFFE

PRINZ

ADALBERT

1904

RIVALITÄT AUF HOHER SEE

ANNA FERRARI

OFFIZIERSMESSEN UND

KOMMANDANTENSALONS

10 — **12** — **24** — **34** — **36** — **38** — **40** — **42**

DIE DEUTSCHEN

WERKSTÄTTEN

TULGA BEYERLE

KARL SCHMIDT

»WIE ICH DIE

KRIEGSMARINE EROBERTE«

VORWORT

FRITZ STRAUB

MACHT-

DEMONSTRATIONEN

IM ZEITALTER

DES IMPERIALISMUS

OZEANRIESEN

RICHARD
RIEMERSCHMID

HISTORISCHE
KUNSTZEITSCHRIFTEN

46 **52** **54** **58** **60** **64** **68** **70**

BERLIN
1905

DANZIG
1907

GRÖSSER,
SCHNELLER,
ELEGANTER

JOHANN
HEINRICH
BURCHARD
1914

KRONPRINZESSIN
CECILIE
1907

HAPAG

NEW YORK
1927

MAGDALENA
UND
ORINOCO
1928

DEUTSCHLAND
1924

HAMBURG
1926

78 · 80 · 82 · **90** · 92 · 96 · **102** · 104

»MEIN FELD IST DIE WELT!«

ADELBERT

NIEMEYER

KARL BERTSCH

PRESTIGE

BOISSEVAIN
1938

108 — **116** — **118** — **121** — **122** — **128** — **136**

CORDILLERA
UND
CARIBIA
1933

EXPERTISE
UND
KNOW-HOW

BRUNO PAUL

DAS FIRMENARCHIV

DER DEUTSCHEN
WERKSTÄTTEN

BREMEN
1929

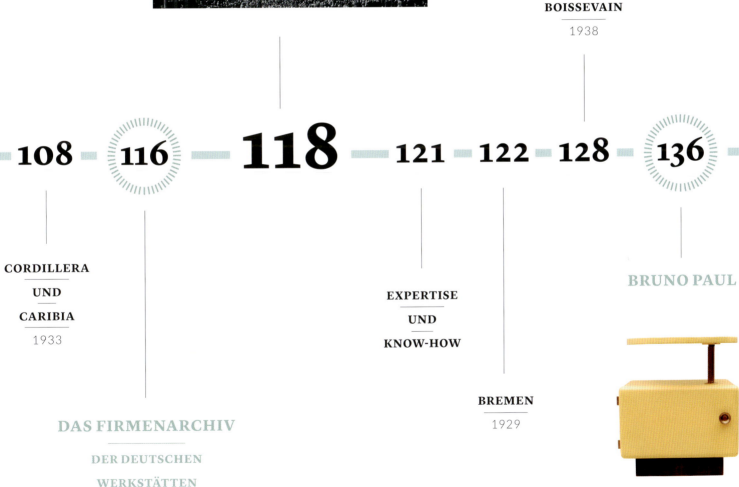

BINNEN-SCHIFFFAHRT

WILHELM

GUSTLOFF

1938

138 — (**144**) — **146** — **149** — **150** — **154** — **158**

NACHLASS

WILHELM KRUMBIEGEL

AUF FLÜSSEN

UND SEEN

LEIPZIG

1929

ALLGÄU

1929

DEUTSCHLAND

1935

HAMMER UND SICHEL

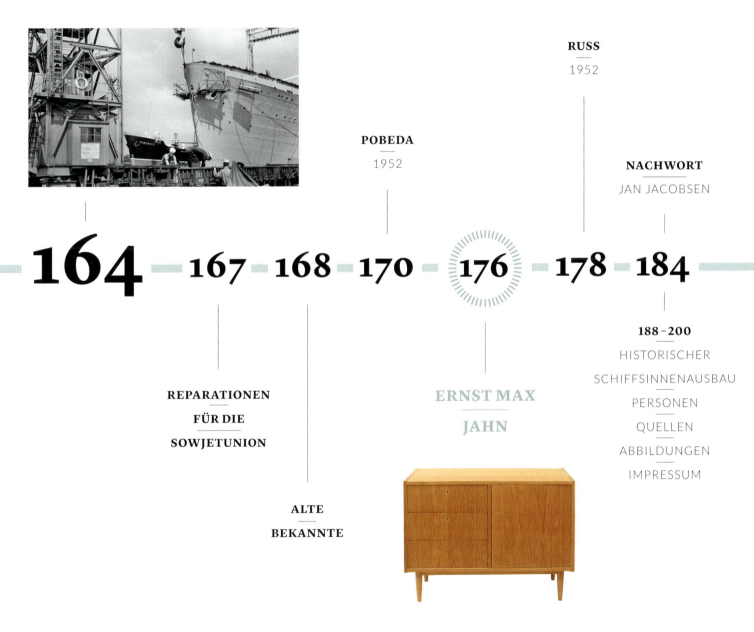

164

167

168

170

176

178

184

RUSS
—
1952

POBEDA
1952

NACHWORT
—
JAN JACOBSEN

REPARATIONEN
—
FÜR DIE
—
SOWJETUNION

ERNST MAX
JAHN

ALTE
—
BEKANNTE

188–200
HISTORISCHER
SCHIFFSINNENAUSBAU
PERSONEN
QUELLEN
ABBILDUNGEN
IMPRESSUM

VORWORT

Fritz Straub | Geschäftsführender Gesellschafter der Deutschen Werkstätten

Die Deutschen Werkstätten sind immer wieder für eine Überraschung gut: 2016 erhielten wir eine Anfrage vom weltberühmten Victoria & Albert Museum aus London, wo zu dieser Zeit die Vorbereitungen für eine Sonderausstellung zum Design der imposanten Ozeandampfer begannen. Wir wussten zwar, dass die Deutschen Werkstätten in der ersten Hälfte des 20. Jahrhunderts am Ausbau einiger Passagierschiffe beteiligt waren, den Umfang und die außerordentliche Qualität der Projekte hatten wir aber unterschätzt, wie sich beim näheren Studium der einschlägigen Literatur sowie diverser alter Kunstzeitschriften rasch zeigte. Im historischen Firmenarchiv, das seit 1999 im Hauptstaatsarchiv Dresden lagert, fanden wir außerdem zahlreiche hervorragend erhaltene und mitunter wunderschöne Pläne und Entwürfe, die den damaligen Schiffsausbau eindrucksvoll dokumentieren. Bei weiteren Nachforschungen stießen wir dann noch auf den Nachlass eines ehemaligen Mitarbeiters, der unter anderem als Montageleiter bei den Schiffsausbauprojekten tätig war.

Auch wenn die Recherchen noch nicht abgeschlossen sind, konnten bereits viele Informationen sowie umfangreiches Bildmaterial zusammengetragen werden. Nach gegenwärtigem Stand haben die Deutschen Werkstätten zwischen 1903 und 1907 etwa ein Dutzend Kriegsschiffe für die Kaiserliche Marine ausgebaut. Zwischen 1906 und 1938 wurden außerdem mindestens 18 luxuriöse Ozeandampfer ausgestattet, darunter die *Kronprinzessin Cecilie* (1907), die *Bremen* (1929) und die *Wilhelm Gustloff* (1938). Darüber hinaus wirkte das Unternehmen auch beim Ausbau mehrerer großer Dampfer für die zivile Binnenschifffahrt mit, von denen einer, die *Leipzig* (1929), auch heute noch im Dienst ist. Kurz nach dem Zweiten Weltkrieg wurden die Deutschen Werkstätten außerdem mehrfach damit beauftragt, sich an der Wiederinstandsetzung ehemaliger Passagierschiffe zu beteiligen. Derzeit sind fünf Projekte dieser Art bekannt.

Nachdem wir zuletzt bereits einige Informationen zum historischen Schiffsausbau der Deutschen Werkstätten kommuniziert und vereinzelt auch schon Fotos gezeigt haben, wurde sowohl im Mitarbeiterkreis als auch in Gesprächen mit Geschäftspartnern und Freunden immer wieder danach gefragt, ob wir zu diesem Thema nicht mal »etwas Kleines« publizieren könnten. – Ja, können wir! Und ich freue mich sehr, dass die vorliegende Publikation am Ende dann doch etwas größer ausgefallen ist.

Mindestens genauso sehr freue ich mich darüber, dass wir Anna Ferrari vom Victoria & Albert Museum dafür gewinnen konnten, einen Einleitungstext zum internationalen Einfluss deutscher Passagierdampfer in der ersten Hälfte des 20. Jahrhunderts zu verfassen. Der Beitrag gibt Ihnen die Möglichkeit, in das schillernde Zeitalter der Ozeanriesen einzutauchen, bevor wir Ihnen im Anschluss einige Projekte des historischen Schiffsausbaus der Deutschen Werkstätten im Einzelnen vorstellen.

Mein besonderer Dank gebührt außerdem Tulga Beyerle, der Direktorin des Dresdner Kunstgewerbemuseums (Staatliche Kunstsammlungen Dresden), die einen Beitrag zur kunst- und kulturhistorischen Bedeutung sowie zum Sammlungswert der Deutschen Werkstätten beigesteuert hat. Unterstützt wurden wir des Weiteren von der Deutschen Fotothek und dem Hauptstaatsarchiv Dresden. Auch dafür möchte ich mich an dieser Stelle ganz herzlich bedanken!

Liebe Leserinnen und Leser,
ich wünsche Ihnen bei der Lektüre viel Freude!
Ihr Fritz Straub

RIVALITÄT AUF HOHER SEE: DER INTERNATIONALE EINFLUSS DEUTSCHER PASSAGIERSCHIFFE

Anna Ferrari

Im Jahr 1898 sorgte das deutsche Passagierschiff *Kaiser Wilhelm der Große* für eine Sensation, als es in nur fünf Tagen und zwanzig Stunden den Atlantik überquerte, und damit die britische Dominanz in Frage stellte, die seit Mitte des 19. Jahrhunderts auf der Transatlantikroute bestanden hatte (Abb. 1). Die in Bremen gebaute *Kaiser Wilhelm der Große* war das erste deutsche Schiff, welches das prestigeträchtige Blaue Band gewinnen konnte, den inoffiziellen Preis für das schnellste Linienschiff, das zwischen Europa und Nordamerika verkehrte. Sie war nicht nur der größte und luxuriöseste Passagierdampfer, der diese Auszeichnung je erhalten hatte, sondern auch das Produkt einer aufstrebenden Industrienation und wurde dadurch zu einem Symbol für die Entwicklung des kaiserlichen Deutschland zu einer der größten Wirtschaftsmächte der Welt. In den Jahrzehnten der raschen Industrialisierung waren in Deutschland zwei Reedereien entstanden, die schon bald zu den international erfolgreichsten Schifffahrtsgesellschaften gehörten: die Hamburg-Amerikanische Packetfahrt-Actien-Gesellschaft, besser bekannt als HAPAG (1847), und der Norddeutsche Lloyd, kurz NDL (1856).

Ende des 19. Jahrhunderts begann ein intensiver internationaler Wettstreit zwischen den großen Reedereien, der zunächst zwischen Großbritannien und Deutschland ausgetragen wurde und sich dann auf Frankreich, Italien und die USA ausweitete. Die Rivalität spiegelte sich auch in der Gestaltung der Inneneinrichtung der Passagierdampfer wieder. Die Schifffahrtsgesellschaften versuchten, sich gegenseitig zu übertreffen, indem sie immer luxuriösere Räume an Bord anboten. Es stand mehr auf dem Spiel als nur ein Titel, denn die großen Luxusliner waren Sinnbilder des Nationalstolzes und wurden als Repräsentanten des jeweiligen Landes wahrgenommen. Das galt besonders für die *Kaiser Wilhelm der Große* und die kurz nach ihr gebauten Schiffe, die ebenfalls nach den Mitgliedern der kaiserlichen Familie benannt wurden. Allein durch ihre Größe eigneten sich die Ozeandampfer hervorragend als Aushängeschilder für den neuen deutschen Staat. Bis zum Beginn des Zweiten Weltkriegs spielten die deutschen Passagierschiffe eine wichtige Rolle im internationalen Wettkampf der Unternehmen und Nationen. Während die HAPAG und der NDL Anfang des 20. Jahrhunderts stilistisch noch den Historismus förderten, gehörten sie später zu den ersten Reedereien, die moderne Innenarchitekten damit beauftragten, sich an der Ausstattung der Schiffe zu beteiligen.

Kaiser Wilhelm der Große (1897)

Aufnahme um 1900

Zwischen 1898 und 1907 blieb das Blaue Band fest in deutscher Hand, abwechselnd beim NDL beziehungsweise bei der HAPAG. Beide Unternehmen setzten auf Innenausstattungen, die sich an der Einrichtung aristokratischer Häuser anlehnten und dadurch wohlhabende internationale Erste-Klasse-Kundschaft ansprechen sollten. Der NDL ließ Anfang des 20. Jahrhunderts in kurzer Folge drei große Passagierschiffe zu Wasser: die *Kronprinz Wilhelm* (1901), die *Kaiser Wilhelm II* (1903) und die *Kronprinzessin Cecilie* (1906), die sich alle durch ein historistisches Interieur auszeichneten, reich verziert mit schweren vergoldeten Profilen und prächtigen Ornamenten.

Johann Poppe, der Bremer Architekt, der bereits die Innenausstattung der *Kaiser Wilhelm der Große* übernommen hatte (Abb. 2), wurde auch für die *Kronprinzessin Cecilie* beauftragt und gestaltete die Gesellschaftsräume in einem neobarocken Stil. Für die Dekoration der dreißig Erste-Klasse-Kabinen an Bord des Schiffes veranstaltete der NDL allerdings einen Wettbewerb, der sich vor allem an progressive Gestalter wandte. Die Gewinner waren die Architekten Richard Riemerschmid, Bruno Paul und Joseph Maria Olbrich, die 1907 auch zu den Gründungsmitgliedern des Deutschen Werkbunds gehörten. Diese Vereinigung von Architekten, Künstlern und Industriellen versuchte, die Qualität des deutschen Kunsthandwerks zu verbessern und Ausdrucksformen zu finden, die sich an den Anforderungen des modernen Lebens orientierten.

Kaiser Wilhelm der Große (1897)

Rauchsalon I. Klasse

3

Kronprinzessin Cecilie (1907)
Salon des Kaiserzimmers

Riemerschmids Design für das Kaiserzimmer an Bord der *Kronprinzessin Cecilie* stand im starken Kontrast zu Poppes Gesellschaftsräumen und veranschaulichte diesen neuen Ansatz deutlich. Die Suite war mit hellem Holz mit einem stilisierten Pflanzenmotiv vertäfelt, die schlichten Möbel verzichteten auf historische Anspielungen oder umständliche Verzierungen (Abb. 3). Riemerschmids Entwürfe wurden von

den Dresdner Werkstätten für Handwerkskunst ausgeführt, heute bekannt als Deutsche Werkstätten. Einige der Originalzeichnungen haben die Zeiten überstanden und lagern heute im Hauptstaatsarchiv Dresden. Die Kombination von Poppes klassischer Inneneinrichtung mit der Riemerschmids, Pauls oder Olbrichs mag überraschen, doch die historistischen Ausstattungen zeigten häufig sehr verschiedenartig zusammengestellte Elemente, einzelne Räume waren oft im Stil verschiedener Epochen dekoriert. So konnte man durchaus aus einer Lounge im Stil von Louis XIV. in einen »Empire Room« kommen. Dennoch war der neue deutsche Gestaltungsansatz zu einer Zeit, als die britischen Reedereien noch ausschließlich historistisch arbeiteten, eine signifikante Veränderung im Schiffsdesign. Der NDL jedenfalls setzte selbstbewusst vermehrt auf Architekten und Gestalter des Werkbunds. Für die Gestaltung der Gesellschaftsräume der ersten Klasse auf der *George Washington* (1909) wurde Bruno Paul engagiert.

Den Berichten nach kamen die neuartigen Inneneinrichtungen bei den wohlhabenden Reisenden sehr gut an, dennoch verfolgte die HAPAG eine andere Strategie, als es um das Design der *Imperator* (1913) ging, ihrem bis dahin ambitioniertesten Projekt. 1909 bestellte Albert Ballin, der Generaldirektor der HAPAG, drei gigantische Passagierschiffe, die mit über 50 000 Bruttoregistertonnen vermessen waren. Sie sollten den drei Schwesterschiffen Paroli bieten, welche die britische White Star Line damals plante: die *Olympic*, die *Titanic* und die *Britannic*. Durch die beeindruckende Gesamtlänge von 276 Metern und den imposanten Überbau verfügte die *Imperator* über eine bis dahin nie auf einem Schiff gesehene Großzügigkeit der Innenräume. Für die Gestaltung beauftragte Ballin einen der angesehensten Architekten der

Imperator (1913)

Blick in das Schwimmbad

Zeit, den Franzosen Charles Mewès, der die Ritz-Hotels in Paris, London und Madrid konzipiert hatte. Dieser verwandelte die *Imperator* in ein schwimmendes Hotel, wobei eine Vielzahl historischer Stile an Bord zitiert wurde: Es gab Anleihen an Louis XIV. und Louis XVI., an den englischen Tudorstil und sogar Verweise auf die römische Antike, zum Beispiel in dem berühmten »pompejischen« Säulenbad (Abb. 4).

Deutschland (1924)

Schlafraum des Staatszimmers

Deutschland (1924)

Entwurfszeichnung Adelbert Niemeyer

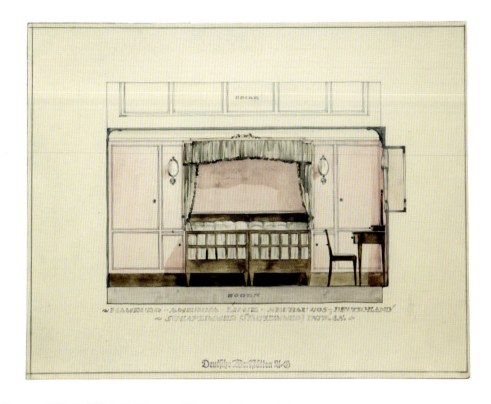

Das war ein raffinierter Weg, um die reisende Elite anzusprechen, die sich an die Standards der Beaux-Arts-Hotels gewöhnt hatte, die seinerzeit in ganz Europa und den USA entstanden. Der Ansatz war so erfolgreich, dass die britische Cunard Line sich für die *Aquitania* (1914) schnell die Dienste von Arthur Joseph Davis sicherte, dem britischen Partner von Charles Mewès. Die *Imperator* war zwar nicht das schnellste Schiff, aber durch sie und das Schwesterschiff *Vaterland* (1914) gelang es der HAPAG, sich als größte Reederei der Welt zu etablieren. Am Vorabend des Ersten Weltkriegs waren diese Ozeanriesen ohne Frage Machtsymbole des Kaiserreichs. Die beeindruckende deutsche Passagierschiffflotte, die in weniger als 20 Jahren entstanden war,

schrumpfte während des Krieges allerdings stark: Viele Schiffe wurden versenkt, und jene, die den Krieg überstanden, gingen als Reparationen an die Siegernationen. Aus der *Imperator* wurde Cunards *Berengaria*, und die *Vaterland* fuhr später bei der American Line als *Leviathan*.

Nach dem Ersten Weltkrieg bauten sowohl die HAPAG als auch der NDL ihre Flotten wieder auf. Die Ausstattung der neuen deutschen Passagierschiffe, die in den 1920er und 1930er Jahren entstanden, war stark vom Art-Deco-Stil beeinflusst. Man bemühte sich, eine Identität zu finden, welche die junge deutsche Republik repräsentieren konnte, nachdem das kaiserliche Deutschland geschlagen worden war. Letzt-

lich war es aber auch eine schlaue Geschäftsentscheidung, die sich am Erfolg der Pariser Exposition internationale des Arts décoratifs (1925) anlehnte, bei der das zukunftsweisende, reduzierte Design zelebriert wurde. Die französischen Art-Deco-Schiffe *Paris* (1921) und die *Ile de France* (1927) galten als gestalterische Höhepunkte der Eleganz, des Luxus und der Modernität. Trotz diverser Einschränkun-

New York (1926)

Damensalon II. Klasse

gen baute auch die HAPAG erfolgreich weiter Passagierdampfer. In den 1920er Jahren lief beispielsweise die so ge-
nannte Ballin-Klasse vom Stapel, dazu gehörten die *Albert
Ballin* (1923), die *Deutschland* (1924), die *Hamburg* (1926)
und die *New York* (1927). Die Inneneinrichtung der letzteren
drei fertigten die Deutschen Werkstätten (Abb. 5 und 6). Obwohl sie nicht ganz über die Grandezza der Vorkriegsschiffe
verfügten, zeigten Karl Bertschs Art-Deco-Intarsienarbeiten
für die *Hamburg* und die *New York*, wie das Unternehmen die
modernen Stile der Zeit aufnahm (Abb. 7).

Ende 1926 startete der NDL ein enorm ehrgeiziges Pro-
gramm, als er zwei hochmoderne Passagierdampfer für die
Transatlantikroute orderte: die *Bremen* (1929) und die *Europa* (1930). Beide gewannen das Blaue Band und gehörten
zu den fortschrittlichsten Linienschiffen, die je gebaut wurden. Sie gaben die Richtung vor, an der sich in der Folge die
berühmten französischen und britischen Luxusliner, die *Normandie* (1935) und die *Queen Mary* (1936), orientierten, und
sie präsentierten einen neuen deutschen Stil auf der Welt-
bühne. Das Äußere der beiden Schiffe war geprägt von einem
stromlinienförmigen Design, das durch ein rundes Heck,
einen niedrigen Rumpf und ungewöhnlich kurze Schorn-
steine den Eindruck großer Schnelligkeit vermittelte (Abb. 8).
Die Inneneinrichtung war indes sehr unterschiedlich: Paul
Ludwig Troost entwarf die Ausstattung für die erste und
zweite Klasse der *Europa* in einem neoklassichen Stil, wohin-
gegen Fritz August Breuhaus de Groot für die meisten der
Erste-Klasse-Räume an Bord der *Bremen* verantwortlich war.
Sein Gestaltungsansatz nahm die windschnittige Silhouette
des Schiffes auf. Breuhaus selbst erklärte dazu: »Der über-
bordende Luxus früherer Zeiten, der den heutigen Menschen
nicht mehr anspricht, wurde bei der *Bremen* zugunsten einer

Bremen – New York

Plakatwerbung des Norddeutschen Lloyd

1930

Inneneinrichtung vermieden, die sich auf die Reinheit der
Form, die Schönheit der Linie und die überlegene Qualität
der Materialien stützt.«[1] Die schnittigen Einrichtungsdetails
wiederholten sich in vielen späteren Passagierschiffen, darunter auch bei den eleganten HAPAG-Dampfern *Caribia*
(1933) und *Cordillera* (1933). Das besondere Merkmal dieser beiden Schwesterschiffe, an deren Ausbau sich auch die
Deutschen Werkstätten beteiligten, waren die aufgeteilten
Rauchabzüge, die den Rauch aus den Heizräumen zu den

Schornsteinen führten, ohne durch das Herz des Schiffes zu verlaufen. Dies ermöglichte einen ununterbrochenen Blick über die Hauptflucht der Gesellschaftsräume (Abb. 9). Dieses Prinzip wurde später auch von anderen umfangreich genutzt, zum Beispiel in der Enfilade der Gesellschaftsräume an Bord der *Normandie*.

Zum Ende des Zweiten Weltkriegs verblieb keines der Schiffe in deutscher Hand. Die *Bremen* wurde 1941 von einem Feuer zerstört und die *Europa* als Reparation an Frankreich gegeben, um die *Normandie* zu ersetzen, die in New York abgebrannt war. Deutschlands erzwungene Demilitarisierung nach dem Krieg verhinderte zudem den Wiederaufbau einer Flotte. Durch die schnell fortschreitenden Entwicklungen in der Luftfahrt wurden Linienschiffe darüber hinaus schon bald zu einem weitgehend obsoleten Transportmittel für den Personenverkehr auf den Weltmeeren. Dennoch blieben einige der Unternehmen, die mit der Blütezeit des deutschen Passagierschiffbaus verbunden werden, bestehen und sind noch heute erfolgreich: HAPAG und NDL schlossen sich zu HAPAG-Lloyd zusammen, einer der größten Containerreedereien der Welt. In der Hamburger Traditionswerft Blohm und Voss, in der viele der prominenten Passagierdampfer der Zeit, zum Beispiel die *Hamburg*, die *Cordillera* und die *Europa*, vom Stapel liefen, werden auch heute noch Schiffe gebaut. Und die Deutschen Werkstätten, die seinerzeit einige der fortschrittlichsten Ausstattungen für deutsche Passagierschiffe gestalteten und ausführten, stehen nach wie vor für Innovation im Schiffsdesign und bauen heute die größten und schönsten Luxusyachten der Welt aus.

1 Willoughby, Russell J., Bremen and Europa. German Speed
  Queens of the Atlantic, Surrey 2010, S. 37.

Bremen (1929)
Blick in die luxuriöse
Einkaufspassage

Karl Schmidt (vorn)

Gründer der Deutschen Werkstätten

um 1900

DIE DEUTSCHEN WERKSTÄTTEN ODER DER VISIONÄR AUS SACHSEN, KARL SCHMIDT

Tulga Beyerle

Karl Schmidt war von seiner Herkunft wie auch von seiner Ausbildung her ein einfacher Handwerker – aber gleichzeitig ein Mann mit außerordentlicher Neugier, Interesse und großer Offenheit für die sich im Umbruch befindende Diskussion um das Kunstgewerbe gegen Ende des 19. Jahrhunderts (Abb. 1). Seine Wanderjahre nach Abschluss der Tischlerlehre zeugen von dem Drang, sich weit über Sachsen hinaus weiterzubilden. Die Gründung der Dresdner Werkstätten für Handwerkskunst (1898, ab 1907 Deutsche Werkstätten für Handwerkskunst) war in ihrem programmatischen Ansatz von der Arts-and-Craft-Bewegung in England beeinflusst. Die Idee, mit den besten Künstlern und Künstlerinnen des Landes zusammenzuarbeiten, aber gleichzeitig bezahlbare Möbel herzustellen, war visionär.

Im Gegensatz zur bisherigen Praxis, den Künstlern und Künstlerinnen – oder in diesem Fall wohl besser Gestaltern und Gestalterinnen und Architekten (Architektinnen gab es zur Zeit der Unternehmensgründung noch nicht) – die Entwürfe abzukaufen, brach Schmidt bereits 1899 mit gängigen Konventionen der Produktherstellung. Er forderte aktiv Künstlerinnen sowie Künstler auf, Entwürfe für Möbel und Kleinkunst einzureichen, und bot allen eine Gewinnbeteiligung am Verkauf von fünf bis zehn Prozent. Er bewies damit ein erstaunliches Gefühl für die Zeichen der Zeit, für den sich eben durchsetzenden Reformwillen, Gestaltung neu zu denken, sich von dem historisierenden »Stilwirrwarr« zu lösen, neue Formen zu suchen und in bester Qualität umzusetzen. Seine Einladung, aber auch sein bereits damals gut aktiviertes Netzwerk führten von Anfang an zu einer Vielzahl außergewöhnlicher Entwürfe der besten Gestalter und Gestalterinnen seiner Zeit (Abb. 2). In diesem Sinne betrat Karl Schmidt in Deutschland Neuland und konnte schon früh auf internationale Erfolge und Anerkennungen verweisen. Nicht zu Unrecht stellte Günther von Pechmann, der erste Leiter der Neuen Sammlung in München, fest: »die ›Deutschen Werkstätten‹ […] sind einer jener Betriebe, die man stets nennen wird, wenn von jener Zeit des gewaltigen Umschwungs im deutschen Kunstgewerbe die Rede ist […].«[1] Es ist daher auch kein Zufall, dass Karl Schmidt bei der Gründung des Deutschen Werkbundes (1907) eine maßgebliche Rolle spielte.

Dresden wurde auch durch das Wirken und das Netzwerk von Karl Schmidt zu einem Zentrum für künstlerische und technologische Erneuerung der Wohnkultur und der kunstgewerblichen Bewegung. Schmidt verstand es als Unternehmer, sich an den wichtigsten Ausstellungen zu beteiligen und dafür die besten Künstler und Künstlerinnen zu verpflichten. Aber die Innovationen betrafen nicht nur die Gestaltung, sondern auch die Technologie der Möbelproduktion, zum Beispiel mit der Entwicklung der gesperrten Tischlerplatte. Darüber hinaus hatte Karl Schmidt den Weitblick, in eigens eingerichteten Verkaufsstellen ein umfassendes Angebot moderner Inneneinrichtung anzubieten. Nicht nur Möbel, sondern auch Tafelgerät, Textilien und Tapeten konnte der Kunde hier und in anschaulichen Katalogen vorfinden. Es ist daher nicht verwunderlich, dass er sich mit seinen Qualitätsansprüchen früh auch in der Produktion von Tapeten und Textilien zu engagieren begann. Letzteres führte 1923 zur Gründung der Dewetex (Deutsche Werkstätten Textilgesellschaft; Abb. 3). Interessant ist, dass neben Offenheit, Mut zur Innovation und Drang nach einer modernen Lebensgestaltung das Unternehmen immer die Balance zu einem dem Markt angepassten Angebot suchte. Die Deutschen Werkstätten waren nie so avantgardistisch wie die Wiener Werkstätte (gegründet 1903, liquidiert 1932) oder so radikal in ihrem Gestaltungsanspruch wie das Bauhaus (gegründet 1919, 1933 durch Repressalien der Nationalsozialisten zur

Sitzgruppe

Entwurf Josef Maria Olbrich

1903

Textilmuster

Entwurf Josef Hillerbrand

um 1930

Selbstauflösung gezwungen), aber sie konnten stets ein breites Publikum erreichen und existieren trotz vieler Krisen, der Verstaatlichung in der DDR-Zeit und der Reprivatisierung (1992) bis heute.

Einen Meilenstein in der Geschichte der Deutschen Werkstätten bedeutete die Einführung der sogenannten »Maschinenmöbel« nach den Entwürfen Richard Riemerschmids auf der Dritten Deutschen Kunstgewerbeausstellung 1906 in Dresden (Abb. 4). Die Bemühungen entsprachen dem Streben nach der Herstellung von hochwertigen, aber zugleich für eine große Zahl an Kunden erschwinglichen Möbeln.

4

Wäscheschrank

Möbelprogramm »Dresdner Hausgerät«

Entwurf Richard Riemerschmid

1906

Parallel baute das Unternehmen sein Geschäftsfeld weiter aus und konzentrierte sich auf den Innenausbau von Cafés und anderen Gebäuden sowie von modernen Verkehrsmitteln wie Passagierschiffen oder Eisenbahnwagen. Dabei gehörten Textilien oder Intarsienarbeiten ebenso zur Ausstattung wie die umfassende Möblierung und Wand- sowie Deckenverkleidungen in Holz. Ein weiterer Tätigkeitsbereich des Unternehmens war die Entwicklung von vorgefertigten Holzhäusern. Die Deutschen Werkstätten, mit ihrem Wissen und ihrer Erfahrung in der Holzverarbeitung, beteiligten sich auf diese Weise an den Versuchen, der Wohnungsnot nach dem Ersten Weltkrieg zu begegnen. Es wurden verschiedene Modelle entwickelt, allerdings konnte man sich in dem Feld nicht dauerhaft etablieren.

Ausgehend von der Haltung Karl Schmidts, sich den Neuerungen und dem Aufbruch im frühen 20. Jahrhundert als aktiver Mitstreiter und Gestalter zu widmen, wundert es nicht, dass ihm die Produktion von Möbeln, Textilien, Tapeten oder Kleinkunst nicht genügte. Der frühe Erfolg des Unternehmens zwang ihn, sich auf die Suche nach einer neuen Produktionsstätte zu machen. Der genossenschaftliche Erwerb von Land außerhalb Dresdens (in Hellerau) führte daher nicht nur zur Errichtung des heute noch existierenden Fabrikgebäudes, entworfen von Richard Riemerschmid (Abb. 5), sondern auch zur Entwicklung einer der ersten deutschen Gartenstädte, ebenfalls federführend von Richard Riemerschmid gestaltet. Beeinflusst von Hermann Muthesius, doch vor allem von den frühen Gartenstädten Englands, verwirklichte Karl Schmidt die fortschrittliche Idee des gemeinsamen Arbeitens und

Festspielhaus Hellerau

Blick auf das Hauptgebäude

um 1930

Wohnens im Grünen. Es entstanden Arbeitersiedlungen, aber auch Villen und Doppelwohnhäuser. So kam es auch, dass sich nicht nur Mitarbeiter der Deutschen Werkstätten in Hellerau ansiedelten, sondern auch Künstler, Literaten, Kunsthandwerker und Pädagogen.

Karl Schmidts Weitblick führte zu der fruchtbaren Zusammenarbeit mit Wolf Dohrn, der wiederum Émile Jaques-Dalcroze, den Begründer der rhythmisch-musikalischen Erziehung, nach Hellerau lockte. In dem von Heinrich Tessenow entworfenen Festspielhaus setzte Jaques-Dalcroze bahnbrechende Inszenierungen um. Die Bühne von Adolphe Appia (unter Mitwirkung von Alexander von Salzmann) bot dafür den geeigneten Rahmen. Die Gartenstadt wurde in der kurzen Zeit zwischen ihrer Grundsteinlegung 1908, der Eröffnung des Festspielhauses 1912 und dem Ersten Weltkrieg zu einem künstlerisch avantgardistischen Zentrum Europas (Abb. 6).

Karl Schmidt war mit Sicherheit nicht immer begeistert von den lebensreformerischen Aktivitäten in Hellerau, letztlich war und blieb er ein zwar sehr offener, aber doch bodenständiger Unternehmer. Das aber hinderte ihn nicht daran, Frauen wie Männer als Gestalter für seine Produkte zu gewinnen, ohne in der Nennung der Entwerfer und Entwerferinnen oder in der Bezahlung einen Unterschied zu machen. Ganz generell ist festzustellen, dass der Unternehmensgeschichte und dem von Karl Schmidt quer durch Europa gehendem Netzwerk bisher zu wenig Aufmerksamkeit in der Forschung gewidmet wurde. In der deutschen Design- und Architekturgeschichte der Nachkriegszeit konzentrierte sich die Forschung über viele Jahre auf die internationale Moderne. Eine ungebrochene Geschichtsschreibung widmete sich vor allem dem Bauhaus, auch wegen des Erfolgs der zentralen Protagonisten im und nach dem Exil. Viele andere Tendenzen aus Deutschland und Europa fanden weniger Beachtung. Gerade im Jahr vor dem großen Bauhaus-Jubiläum gilt es unter anderem, die gemäßigte Moderne oder Gestalter und Gestalterinnen der dekorativen Moderne wie Fritz August Breuhaus de Groot, Bruno Paul, Josef Hillerbrand, Else Wenz-Viëtor oder Margarete Junge gerecht zu werden. Ganz zu schweigen von der Zeit nach dem Zweiten Weltkrieg, in welcher die Deutschen Werkstätten als VEB (Volkseigener Betrieb) zum größten möbelproduzierenden Betrieb in der DDR wurden.

Das Kunstgewerbemuseum der Staatlichen Kunstsammlungen Dresden begann interessanterweise erst in den 1970er Jahren, die Deutschen Werkstätten zu einem der wichtigsten Sammlungsschwerpunkte auszubauen. Heute verfügt das Museum, auch dank der engen Zusammenarbeit mit den Deutschen Werkstätten, über einen umfangreichen Bestand, der auch in Zukunft aktiv weiter ausgebaut werden soll. Die damit einhergehende weitere Forschung ist der selbstverständliche Anspruch dieses Museums. Die bislang kaum beachtete Tatsache, dass an die fünfzig Frauen als Möbel-, Textil-, Tapeten- und Kleinkunstdesignerinnen gewirkt haben, führte zu der Ausstellung »Gegen die Unsichtbarkeit. Designerinnen der Deutschen Werkstätten Hellerau 1898 bis 1938« im Jahr 2018/19 und ist eine der vielen hoffentlich noch kommenden Gelegenheiten, die Geschichte des Unternehmens in seiner Vielfalt zu erforschen und die Sammlung zu bereichern (Abb. 7). Es gibt noch viel zu tun.

1 Pechmann, Günther von, Die Deutschen Werkstätten für Handwerkskunst GmbH in München, in: Dekorative Kunst 15 (1912), Bd. 20, S. 217–224, hier 217.

Stuhlproduktion
Blick in die alte Bogenbinderhalle der
Deutschen Werkstätten, um 1940

KRIEGSSCHIFFE

MACHTDEMONSTRATION
IM ZEITALTER
DES IMPERIALISMUS

OFFIZIERSMESSEN
UND
KOMMANDANTENSALONS

»WIE ICH DIE KRIEGSMARINE
EROBERTE« (KARL SCHMIDT)

PRINZ ADALBERT (1904)

BERLIN (1905)

RICHARD RIEMERSCHMID

DANZIG (1907)

MACHTDEMONSTRATION
IM ZEITALTER DES IMPERIALISMUS

Geleitet vom politischen Geltungsdrang Kaiser Wilhelms II. und den Ideen des Leiters
des Reichsmarineamts, Alfred von Tirpitz, begann das Deutsche Reich um 1900 mit dem
Bau einer modernen Hochseeflotte. In den Kaiserlichen Werften in Kiel, Wilhelmshaven
und Danzig wurden fortan im großen Umfang Schlacht- und Panzerkreuzer, Kleine
Kreuzer und auch U-Boote gebaut. Um das Ganze zu finanzieren, wurde eigens die sogenannte »Schaumweinsteuer« eingeführt. Die aggressive Flottenpolitik des Kaiserreichs
blieb allerdings nicht folgenlos, sondern sorgte in Europa für erhebliche Irritationen –
vor allem bei Großbritannien. Die damals mit Abstand größte Seemacht der Welt
reagierte ihrerseits mit dem Bau weiterer Kriegsschiffe, sodass die englische Vorherr-
schaft auf den Weltmeeren zu keiner Zeit ernsthaft gefährdet war. Durch das deutsch-
britische Wettrüsten verschlechterte sich jedoch das Verhältnis der beiden Staaten.
Die zunehmenden Spannungen innerhalb des europäischen Bündnissystems begünstig-
ten schließlich den Ausbruch des Ersten Weltkriegs.

Kleiner Kreuzer

Danzig im Eis auf Reede

um 1910

OFFIZIERSMESSEN
UND KOMMANDANTENSALONS

Karl Schmidt, dem Gründer der Deutschen Werkstätten (damals noch
Dresdner Werkstätten für Handwerkskunst), fehlte es wahrlich nicht an
Selbstbewusstsein. Im Spätsommer 1902 reiste er nach Kiel, um der dort
ansässigen Marine vorzuschlagen, für sie die Innenräume der deutschen
Kriegsschiffe auszubauen. Sein forsches Auftreten kam beim Kieler Werft-
direktor offenbar sehr gut an, denn Schmidt bekam die Möglichkeit,
sein Anliegen zu konkretisieren, und fuhr daraufhin nach München, wo er
den bekannten Künstler und Architekten Richard Riemerschmid davon
überzeugen konnte, Entwürfe für die Innenausstattung anzufertigen. So
kam es, dass die Deutschen Werkstätten in den Folgejahren die Offiziersmessen und Kommandantenräume auf mehreren Kriegsschiffen ausbauten.
Riemerschmid wurde darüber hinaus in dieser Zeit zum wichtigsten
Gestalter des Unternehmens und prägte mit seinen Entwürfen auch den
Möbelbau nachhaltig.

Dresdner Werkstätten

für Handwerkskunst

Belegschaftsbild, 12.6.1901

Dresdener Werkstätten
für
Handwerkskunst.
12.6.1901.

» WIE ICH
DIE KRIEGSMARINE
EROBERTE «

Karl Schmidt

Karl Schmidt

Wanderjahre, um 1893

»Ich war etwa 30 Jahre alt und der Ansicht, daß wir uns auch im Schiffsausbau betätigen müßten, und fuhr zu diesem Zwecke nach Hamburg und Kiel. In Kiel ließ ich mich bei dem Werft-Direktor Dr. Roßfeld melden. Als ich ins Zimmer trat, wurde ich von einem Herrn mit großem schwarzen Vollbart sehr militärisch stramm empfangen: ›Was wünschen Sie?‹ – ›Daß Sie mich drei Minuten anhören, Herr Geheimrat.‹ – ›Bitte.‹ – ›Wenn Sie Schiffe bauen, nehmen Sie die besten Ingenieure und Konstrukteure, und das ist in Ordnung! Wenn Sie Schiffe einrichten, nehmen Sie irgendeinen Lieferanten und das ist nicht in Ordnung!‹ – ›So!‹ – ›Jawohl‹ – Er war ein sehr alter Mann, und die Einleitung hat ihm wohl selbst Spaß gemacht. Er hatte für die moderne Bewegung ein Herz, was ich sehr wohl spürte. Ich bekam ihn so weit, daß ich ihm anbot, durch Richard Riemerschmid Entwürfe machen zu lassen [...], und eines Tages bin ich wieder mit den Entwürfen und den Kostenanschlägen nach Kiel gefahren. Dort fand eine große Sitzung statt [...]. Die Entwürfe gefielen, aber es wurden allerlei Bedenken laut, da sie in der und jener Richtung der Schiffsbauordnung nicht entsprächen. Darauf ich: ›Die Entwürfe sind ausgezeichnet, Ihre Schiffsbauordnung nicht, die ist veraltet. Die Entwürfe müssen bleiben; Ihre Schiffsbauordnung muss geändert werden!‹ – Schallendes Gelächter! Aber die Marinebehörde war immer eine besonders gute Behörde – weitsichtiger, was wohl mit dem Beruf zusammen-hängen mag. Die Sache wurde genau nach den Entwürfen Riemerschmids ausge-führt und fand Beifall: Wir haben danach noch auf 12 weiteren Kriegsschiffen die Offiziersmessen und die Kommandanteräume eingerichtet und sind mit den Kieler Herren recht gute Freunde geworden.« Jahrbuch der Deutschen Werkstätten 1929

PRINZ ADALBERT (1904)

Kaiserliche Marine | Kaiserliche Werft Kiel | 126,5 m

Die Deutschen Werkstätten bauten auf der *Prinz Adalbert* nach Entwürfen von Richard Riemerschmid die Offiziersmesse aus. Die Decke wurde mit Messingblechen verkleidet, um den Erschütterungen beim Abfeuern der Geschütze standzuhalten. Der Raum erschien durch das reflektierende Material weniger beengend. Die festen Einbauten und das lose Mobiliar wirkten ebenfalls weitaus leichter und eleganter als es zu dieser Zeit im Schiffsinnenausbau in Deutschland üblich war, was auch an den erkennbar vom Jugendstil geprägten Entwürfen lag. Einen Tag vor der Indienststellung des Panzerkreuzers schrieb ein Offizier voller Begeisterung an Riemerschmid:

»Es spricht sich von Mund zu Mund und so vergeht kein Tag, wo nicht Einzelne kommen, um sich diese ›Sehenswürdigkeit‹ mit Wohlgefallen zu betrachten […] Unter uns Seeoffizieren [gibt es] fast nur eine Stimme: geschmackvoll, praktisch und behaglich!«
A. Petruschker an R. Riemerschmid am 11. 1. 1904

Die *Prinz Adalbert* wurde nach dem Begründer und ersten Oberbefehlshaber der preußisch-deutschen Marine, Prinz Adalbert von Preußen, benannt und diente zunächst als Artillerieschulungsschiff. Im Ersten Weltkrieg wurde der Panzerkreuzer vor allem zur Aufklärung und als Geleitschiff eingesetzt. Nachdem die *Prinz Adalbert* bereits im Januar 1915 durch einen schweren Torpedotreffer beschädigt, anschließend aber wieder flott gemacht worden war, wurde sie am 23. Oktober 1915 nahe Libau (im heutigen Lettland) von einem britischen U-Boot versenkt, wobei nur drei Mann der 675-köpfigen Besatzung gerettet werden konnten. Das Wrack wurde erst 2007 in etwa 80 Meter Tiefe entdeckt.

Offiziersmesse

Salonnische

mit kunstvollem Raumteiler

RICHARD RIEMERSCHMID   OFFIZIERSMESSE S. M. S. PRINZ ADALBERT
AUSGEFÜHRT VON DEN DRESDENER WERKSTÄTTEN FÜR HANDWERKSKUNST, DRESDEN

Offiziersmesse

Jugendstil für die Kaiserliche Marine

Buffet Offiziersmesse

Unikat mit

opulenten Messingbeschlägen

RICHARD RIEMERSCHMID

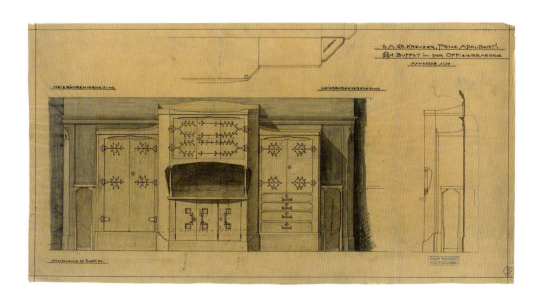

Büffet Offiziersmesse

Entwurfszeichnung

Richard Riemerschmid, 27. 9. 1902

BERLIN (1905)

Kaiserliche Marine | Kaiserliche Werft Danzig | 111,1 m

Vor dem Ersten Weltkrieg wurde der Kleine Kreuzer *Berlin* vor allem als Aufklärungsschiff in der Nord- und Ostsee sowie im Atlantik eingesetzt und 1912 zunächst außer Dienst gestellt, mit Beginn des Ersten Weltkriegs allerdings zeitweise reaktiviert. Anschließend diente die *Berlin* unter anderem als Schulungsschiff, bevor sie in den 1930er Jahren zum Wohnschiff umgebaut wurde.

Offiziersmesse

Möblierungsplan

Richard Riemerschmid, 10.1.1904

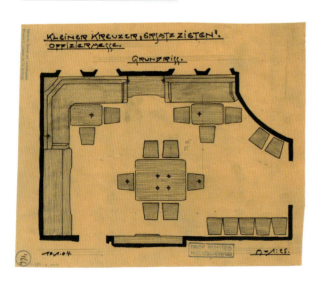

Nach dem Zweiten Weltkrieg beschlagnahmten die Briten das Schiff; 1947 wurde es schließlich mit Gasmunition beladen im Skagerrak versenkt.

Auf der *Berlin* statteten die Deutschen Werkstätten die Offiziersmesse und den Kommandantensalon aus. Wie bei der *Prinz Adalbert* versuchte Richard Riemerschmid bei seinen Entwürfen, – trotz aller baulichen Beschränkungen des Kleinen Kreuzers – einen wohnlichen Gesamteindruck der Räume zu erzeugen.

Offiziersmesse
funktionales Design
auf kleinstem Raum

Kommandantensalon

Raumecke mit Buffet

Kommandantensalon

Raumecke mit Buffet

Stuhl 91/8

Eiche/Leder, Entwurf 1906

Garderobenschrank

Kiefer/Sperrholz mit Eisenbeschlägen

Entwurf 1908/09

RICHARD RIEMERSCHMID

*1868 in München | †1957 in München

Richard Riemerschmid gilt als einer der wichtigsten Vertreter des Jugendstils.
Kein anderer Gestalter prägte die Entwicklung der Deutschen Werkstätten so maßgeblich wie der Münchner Künstler und Architekt. Nach dem Studium war Riemerschmid
zunächst als Maler tätig, bevor er sich dem Entwerfen von Raumausstattungen widmete,
was ihm rasch großes Renommee einbrachte. Die Zusammenarbeit mit Karl Schmidt
und den Dresdner Werkstätten für Handwerkskunst begann 1902 mit dem Ausbau
des Panzerkreuzers *Prinz Adalbert* für die Kaiserliche Marine. Es folgten weitere Schiffsausstattungen sowie die Gestaltung zahlreicher Einzelmöbel und Zimmereinrichtungen.
Seine erstmals 1906 auf der Dresdner Kunstgewerbeausstellung vorgestellten
»Maschinenmöbel« veränderten nachhaltig die Wohnkultur in Deutschland.
Riemerschmid plante außerdem das neue Fabrikgebäude der Deutschen Werkstätten
und Teile der anliegenden Gartenstadt Hellerau.

DANZIG (1907)

Kaiserliche Marine | Kaiserliche Werft Danzig | 111,1 m

Die *Danzig* war, genau wie die *Berlin*, ein Kleiner Kreuzer der sogenannten Bremen-Klasse und diente ebenfalls als Aufklärungs- und Schulungsschiff. Im Ersten Weltkrieg wurde sie sowohl in der Nord- als auch in der Ostsee eingesetzt. Im Mai 1915 erhielt sie einen Minentreffer und wurde, selbst manövrierunfähig, vom Schwesterschiff *Berlin* zur Reparatur eingeschleppt. Nach dem Krieg wurde die *Danzig* an Großbritannien übergeben und dort zwischen 1921 und 1923 abgewrackt.

Auch auf der *Danzig* statteten die Deutschen Werkstätten nach Entwürfen von Richard Riemerschmid die Offiziersmesse und den Kommandantensalon aus. Das Raumensemble wurde bei der Dritten Deutschen Kunstgewerbeausstellung 1906 in Dresden gezeigt und in der Fachpresse geradezu gefeiert:

Kommandantensalon

aus unterschiedlichen Perspektiven

»Uns fesselt, wenn wir die Offiziersmesse und den Kommandantensalon des Kl. Kreuzers ›Danzig‹ betrachten, vor allem diese gänzlich ungewohnte Vereinigung von wohnlicher Stabilität in den Grundformen der Möbel und fast virtuosem Eingehen auf die ökonomischen Gesetze der Raumbildung. Dem Internationalismus des Kajütenstils ist hier zum ersten Male eine ehrlich und unverkennbar deutsche Note energischer und flotter Sachlichkeit entgegengehalten.« Dekorative Kunst 9 (1906)

Danzig

Postkarte, um 1910

Offiziersmesse

mit Kaiser-Wilhelm-Porträt

OZEANRIESEN

GRÖSSER, SCHNELLER, ELEGANTER	
KRONPRINZESSIN CECILIE (1907)	
HISTORISCHE KUNSTZEITSCHRIFTEN	
JOHANN HEINRICH BURCHARD (1914)	

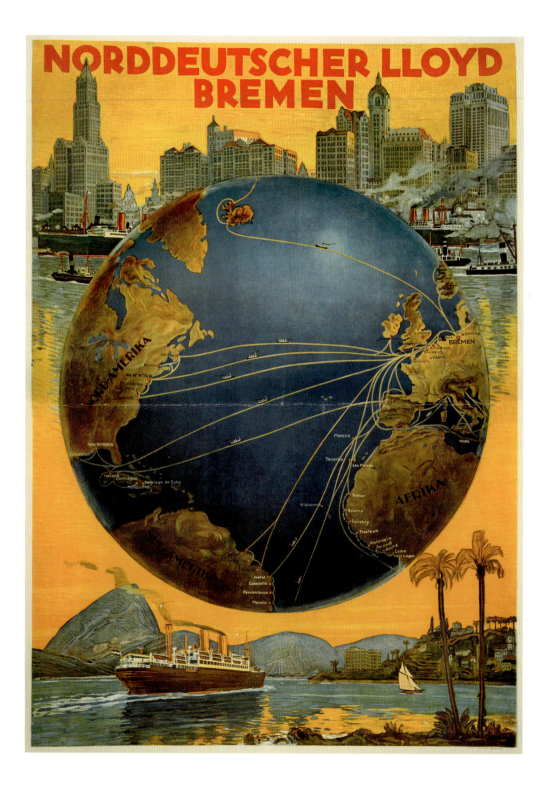

Norddeutscher Lloyd Bremen

Plakatwerbung mit Liniennetz, 1920

GRÖSSER, SCHNELLER, ELEGANTER

Die erste Hälfte des 20. Jahrhunderts war das Zeitalter der großen Ozeandampfer. Immer mehr Menschen entschieden sich aus ganz unterschiedlichen Gründen zu einer Überquerung der Weltmeere: die einen, weil sie als Auswanderer auf ein besseres Leben hofften, die anderen einfach nur zum Vergnügen. Wer es sich leisten konnte, reiste erster Klasse, die große Mehrheit musste sich jedoch mit der zweiten oder dritten Klasse beziehungsweise dem Zwischendeck begnügen. Insbesondere auf der wichtigen Nordatlantikroute, zwischen den europäischen Häfen und New York, verkehrte schon bald eine große Zahl von Linienschiffen. Dank verbesserter Antriebstechnik konnte die Reisegeschwindigkeit auf See immer weiter erhöht werden. Und auch der Komfort an Bord nahm zu. Zwischen den großen Reedereien entbrannte ein regelrechter Wettbewerb, nicht nur um die Zahl der beförderten Passagiere, sondern auch um das beste Schiff – wobei es nicht nur darum ging, wer die schnellsten und größten Ozeandampfer baute, sondern auch, wer die prachtvollste und eleganteste Ausstattung bieten konnte. Einige Schiffe waren derart luxuriös eingerichtet, dass sie ehrfurchtsvoll »schwimmende Paläste« genannt wurden. Durch den tragischen Untergang der *Titanic* (1912) und den Beginn des Ersten Weltkriegs 1914 wurde die Euphorie rund um die Linienschifffahrt allerdings stark gebremst und setzte erst in den »Goldenen Zwanzigern« wieder ein.

Mitarbeiter der
Deutschen Werkstätten
Zuständige für den Schiffsausbau
um 1910

KRONPRINZESSIN CECILIE (1907)

Norddeutscher Lloyd | AG Vulcan (Stettin) | 215,3 m

Mount Vernon (1917) umgebaut. Nach dem Krieg folgte die Stilllegung. Der einstige Luxusdampfer rostete anschließend vor sich hin, bis er 1940 verschrottet wurde.

Für die Gestaltung der Innenräume der *Kronprinzessin Cecilie* wurden neben dem künstlerischen Leiter des Norddeutschen Lloyd, Johann Georg Poppe, erstmals auch moderne Innenarchitekten beauftragt: Josef Maria Olbrich, Bruno Paul und Richard Riemerschmid. Letzterer entwarf das sogenannte Kaiserzimmer, das sich aus mehreren mondän eingerichteten Räumen zusammensetzte: einem Frühstücks- und einem Schlafzimmer sowie einem großzügigen Salon. Ausgeführt wurde das Raumensemble von den Deutschen Werkstätten. Wer in einer solchen Luxussuite reisen wollte, zahlte pro Überfahrt zwischen 6 000 und 8 000 Mark – also in etwa den Preis eines kleinen Hauses in Deutschland zu dieser Zeit.

Die *Kronprinzessin Cecilie* – benannt nach Cecilie zu Mecklenburg, der letzten Kronprinzessin des Deutschen Kaiserreichs – war eines der schnellsten, modernsten und vor allem schönsten Passagierschiffe des frühen 20. Jahrhunderts. Angetrieben von einer 46 000 PS starken Kolbendampfmaschinenanlage erreichte der 215 Meter lange Schnelldampfer eine Geschwindigkeit von bis zu 23,6 Knoten. Die *Kronprinzessin Cecilie* fuhr wie ihre drei Schwesterschiffe für den Norddeutschen Lloyd auf der Nordatlantikroute zwischen Bremerhaven und New York. Kurz nach Beginn des Ersten Weltkriegs wurde sie von den USA beschlagnahmt und zum Truppentransporter

Kaiserzimmer

Blick vom Frühstückraum

in den Salon

Kaiserzimmer

Schlafraum mit filigraner

Deckenverzierung

Die Fachpresse war von Riemerschmids Entwürfen und deren Umsetzung durch die Deutschen Werkstätten hingerissen:

»Aus einem Schlafzimmer in Weiß und Gold fällt
der Blick in den Salon, dem graues Ahornholz
mit entzückenden Einlagen von blutrotem Rosenholz
und weiß schimmernder Perlmutter und rote Möbel-
bezüge seine vornehme Haltung geben, und an diesen
wieder schließt sich ein in kräftigen Formen gehaltenes
[Frühstückszimmer] mit rauchgrauer gewachster
Täfelung, Korbsesseln und dunkelgrünen Lederbezügen.
[…] die Raumgestaltung als Ganzes ist unübertroffen,
von altmeisterlicher Sicherheit.« Dekorative Kunst 11 (1908)

Kaiserzimmer

Blick in den Salon

RICHARD RIEMERSCHMID—MÜNCHEN.   Schlafzimmer in massiv Eiche.

DEUTSCHE WERKSTÄTTEN FÜR HANDWERKS-KUNST
DRESDEN UND MÜNCHEN.

Für den Freund des Kunstgewerbes gibt es kaum etwas Amüsanteres, als einige Stunden in den Verkaufsstellen der Dresdner Werkstätten zu flanieren und zu kramen. Ich weiß nicht zu sagen, wo mir mehr Vergnügen wurde: drüben in den bescheidenen Räumen, die sich die Firma herrichtete, als sie mit der öffentlichen Propaganda energisch einsetzte, oder in den überaus vornehmen Läden, die sie sich vereint mit den Münchner Werkstätten in Berlin baute. Hier wie dort trifft man die gleiche Ware, die gleiche Sachlichkeit und den gleichen Geschmack, der aus trefflichem Material liebenswürdige Stillleben zusammenstellte, trifft man Verkäufer in dem idealen Sinne des Wortes, Fachleute, die einem nichts aufschwätzen, die dem Fragenden Bescheid geben und selbst Bescheid wissen. Man kommt nicht in eines jener unförmlichen Magazine, die mit ihren zwanzig oder fünfzig Musterzimmern renommieren, die einem mit sämtlichen Stilen aufwarten können, die mit derselben Innigkeit ihr Louis seize, ihre Sezession oder die allerletzte Mode preisen, die jeden zivilisierten Menschen nach kurzem Leiden wirblig machen und den Gehrockmann, der tausend unnütze Worte plätscherte, verwünschen lassen. Man kann es kaum anders ausdrücken, man muß sagen: diese Verkaufsstellen haben ihre eigene, wohltemperierte Kultur, sie wirken gepflegt und reserviert und erfreuen durch ihr freimütiges unverhülltes Selbstbewußtsein. Das Prinzip, nach dem sie geleitet werden, ist garnicht zu verkennen: nichts Schlechtes, nichts, was nicht der Zeit und ihrer Art gehört. Wie oft seufzen doch die Geschäftsleute, daß das Moderne nicht ginge, daß das Publikum immer wieder nach dem guten Alten verlange, daß das sich nun einmal nicht ändern ließe, man müsse Stil führen, und könne das Neue nur nebenbei protegieren. Das eben ist jene verkehrte Methode, die es aller Welt gerecht machen möchte und dabei nur Unrecht schafft. In den Verkaufsstellen der Dresdner gibt es nicht das, was das Publikum will, vielmehr das, was es haben muß. Dies allerdings in einer so überzeugenden Form und in einer Vollkommenheit, daß selbst arge Skeptiker und träge Gewohn-

Deutsche Kunst
und Dekoration
Beitrag über die
Deutschen Werkstätten, 1909

HISTORISCHE KUNSTZEITSCHRIFTEN

Sehr ergiebige Quellen zum historischen Schiffsausbau der Deutschen Werkstätten sind deutschsprachige Kunstzeitschriften, insbesondere die »Dekorative Kunst« (ab 1885), die »Innendekoration« (ab 1890) und die »Deutsche Kunst und Dekoration« (ab 1897). Diese Periodika dokumentieren und spiegeln den stilistischen Umbruch in der deutschen Kunst im späten 19. und frühen 20. Jahrhundert, vor allem die zunehmende Verdrängung des Historismus durch die neue und frische Formenwelt des Jugendstils sowie die Entwicklung hin zur Neuen Sachlichkeit, welche die Architektur und Innenarchitektur nachhaltig prägten. Die Zeitschriften bieten aber nicht nur wertvolle Informationen und umfangreiches Bildmaterial, sie sind außerdem ein spannendes Kaleidoskop für die gesellschaftlichen Veränderungen dieser Zeit.

JOHANN HEINRICH BURCHARD (1914)

HAPAG | J.C. Tecklenborg (Geestemünde) | 187,4 m

Die *Johann Heinrich Burchard* verdankte ihren Namen dem kurz nach Baubeginn verstorbenen ehemaligen Ersten Bürgermeister der Hansestadt Hamburg. 1914 lief sie vom Stapel, konnte aber aufgrund des Ausbruchs des Ersten Weltkriegs nicht wie geplant für den Südamerikadienst der HAPAG, der damals größten deutschen Reederei, eingesetzt werden. Noch während des Krieges wurde die *Johann Heinrich Burchard* deshalb an die holländische Koninklijke Hollandsche Lloyd verkauft. Sie verließ Bremerhaven dennoch erst 1920 unter dem Namen *Limburgia*.

Johann Heinrich Burchard
Stapellauf am 10. Oktober 1914

Luxuskabine

Blick vom Wohnzimmer in

das Schlafzimmer

(Entwurf A. Niemeyer)

Kurz darauf folgte der Verkauf an die United American Lines und die Umbenennung zur *Reliance* (1922). Unter diesem Namen verkehrte sie in der Folge als Linienschiff zwischen Hamburg und New York und später als Kreuzfahrtdampfer. 1938 wurde die *Reliance* bei einem Großbrand schwer beschädigt und drei Jahre später verschrottet.

Aufgrund offener Kritik an der Stillosigkeit der Ausstattung der *Imperator* (1913) hatte die HAPAG, vermittelt durch den einflussreichen Architekten Hermann Muthesius, Kontakt zu diversen deutschen Entwerfern aufgenommen, welche die Ausstattung der *Johann Heinrich Burchard* übernehmen sollten. Neben Richard Riemerschmid wurden auch Karl Bertsch sowie Adelbert Niemeyer angesprochen. Riemerschmid lieferte die Entwürfe für die Luxussuiten auf dem Brückendeck, Niemeyer gestaltete weitere Suiten sowie den 200 Personen fassenden Damensalon. Bertsch entwarf die Treppenhäuser. Die Ausführung übernahmen auch hier die Deutschen Werkstätten.

Beim Ausbau der *Johann Heinrich Burchard* mussten sich sowohl die Entwerfer als auch die Innenausbauer den besonderen Gegebenheiten anpassen:

»Sie gingen von der Eigenart des Schiffes aus, dessen Räumlichkeiten andere Voraussetzungen zugrunde liegen als jenes des Festlandes. Die Maße sind knapp und erfordern sorgfältigste Ausnützung. Die schiefen und geschwungenen Wände ergeben mit der geringen Höhe einen besonderen Raumeindruck, der leicht beengend wirkt. Geschmeidige Proportionen müssen den Bewohner darüber hinwegtäuschen. Starke Profile und allzu kräftiger Schmuck, die am Raume zehren, sind zu vermeiden. Was durch die Schiffsbewegung in wirkliche oder scheinbare Unsicherheit gerät, ist nicht nur tatsächlich, sondern auch für den Eindruck zu festigen; das Auge soll möglichst widerstandslos und wohlig angeregt über die Wände und ihre Ausstattung dahingleiten.« Dekorative Kunst 20 (1917)

Damensalon

Großzügige Raumgestaltung

Ecksofa

Entwurfszeichnung

Richard Riemerschmid, 13. 11. 1913

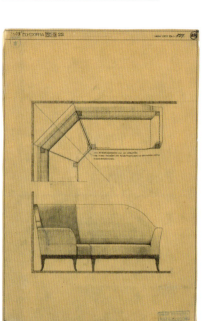

Luxuskabine

Ansichten des Wohnzimmers

(Entwurf R. Riemerschmid)

Stuhl

Entwurfszeichnung

Richard Riemerschmid, 17.11.1913

Luxuskabine

Blick in das Schlafzimmer

(Entwurf A. Niemeyer)

Reliance

ehemals *Johann Heinrich Burchard*

um 1937/38

Treppenhaus

Aufgang zum Oberdeck

HAPAG

»MEIN FELD IST DIE WELT!«

DEUTSCHLAND (1924)

ADELBERT NIEMEYER

HAMBURG (1926)

NEW YORK (1927)

KARL BERTSCH

MAGDALENA UND ORINOCO (1928)

CORDILLERA UND CARIBIA (1933)

DAS FIRMENARCHIV
DER DEUTSCHEN WERKSTÄTTEN

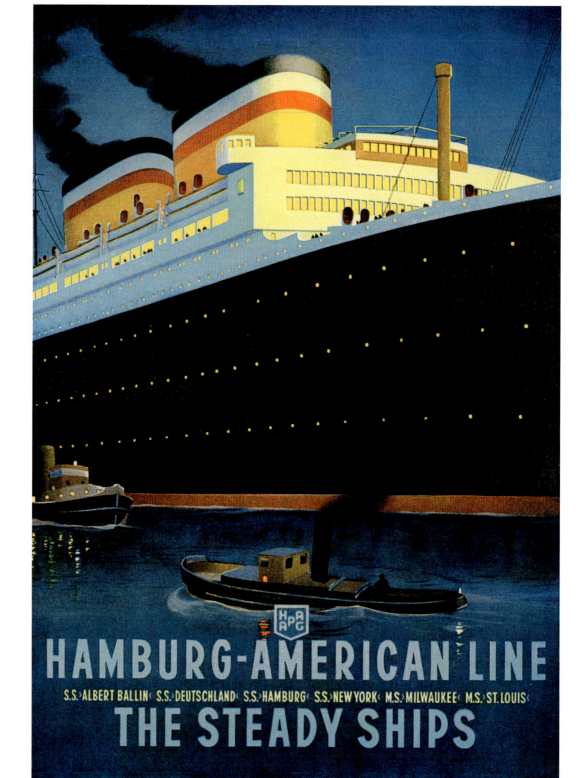

»MEIN FELD IST DIE WELT!«

Mit diesem Wahlspruch avancierte die 1847 gegründete Hamburg-Amerikanische Packetfahrt-Actien-Gesellschaft, kurz HAPAG, Anfang des 20. Jahrhunderts zu einer der größten und erfolgreichsten Reedereien weltweit. Vor allem der Transatlantik-Dienst boomte, was in erster Linie auf die Auswanderungsbewegung in die USA zurückzuführen war. Neben der Linienschifffahrt bot die HAPAG außerdem als erste Firma im großen Stil Kreuzfahrten an. Der Erste Weltkrieg setzte der Erfolgsstory dann ein zwischenzeitliches Ende. Etliche HAPAG-Schiffe wurden bereits zu Beginn des Konflikts in neutralen Häfen festgesetzt. Nach dem Krieg musste das Unternehmen dann fast die komplette noch vorhandene Hochseeflotte an die alliierten Siegermächte ausliefern.

Mithilfe staatlicher Unterstützungen und durch geschickte Kooperationen mit diversen in- und ausländischen Schifffahrtsgesellschaften gelang es der HAPAG nach 1918 jedoch bemerkenswert schnell, an die Erfolge der Vorkriegszeit anzuknüpfen. Ab Anfang der 1920er Jahre ließ das Unternehmen wieder zunehmend moderne Passagierschiffe bauen, mehrheitlich bei Blohm & Voss in Hamburg. Infolgedessen verfügte die HAPAG schon bald wieder über eine beachtliche Flottenstärke, bevor die Weltwirtschaftskrise ab 1929 das Geschäft abermals ins Stocken brachte.

DEUTSCHLAND (1924)

HAPAG | Blohm & Voss (Hamburg) | 191,2 m

Ausgestattet mit zwei Schornsteinen und vier Masten, bot die *Deutschland* Platz für 198 Passagiere der ersten Klasse, 400 der zweiten und 935 der dritten Klasse. Sie fuhr für die HAPAG auf der Nordatlantikroute. Im Zweiten Weltkrieg wurde sie zum Wohn- und später zum Lazarettschiff umgerüstet und unter anderem für den Flüchtlings- und Verwundetentransport eingesetzt, bevor sie am 3. Mai 1945 bei einem britischen Luftangriff in der Lübecker Bucht versenkt wurde. Das Wrack wurde drei Jahre darauf gehoben und anschließend verschrottet.

Beim Ausbau der *Deutschland* arbeiteten die Deutschen Werkstätten erstmalig mit der renommierten Hamburger Werft Blohm & Voss zusammen. Beauftragt wurden sie für den Ausbau der sogenannten Staatszimmer, die aus einem Wohnbereich sowie einem Schlafraum bestanden. Die Entwürfe lieferten Bruno Paul und Adelbert Niemeyer. Letzterer gestaltete außerdem das Damenschreibzimmer auf der *Deutschland*, das ebenfalls von den Deutschen Werkstätten ausgeführt wurde.

Staatszimmer

Grundrisszeichnung und Wandansichten

Bruno Paul, 1923

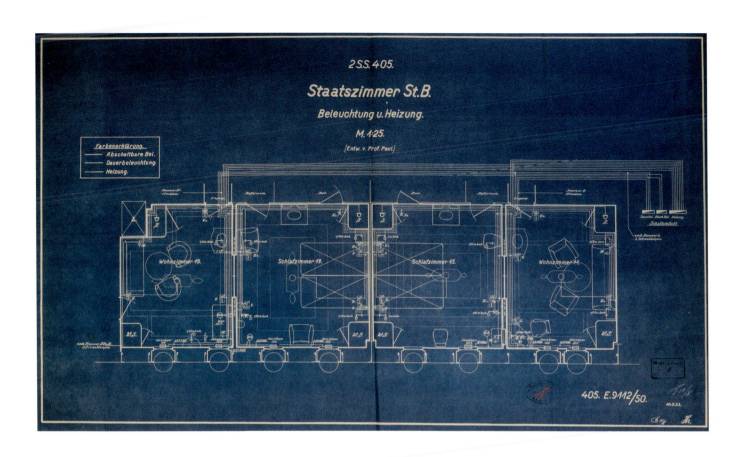

2 S.S. 405.

Staatszimmer St.B.

Beleuchtung u. Heizung.

M. 1:25.

[Entw. v. Prof. Paul.]

Farbenerklärung.
— Abschaltbare Bel.
— Dauerbeleuchtung.
— Heizung.

Wohnzimmer 19. Schlafzimmer 17. Schlafzimmer 15. Wohnzimmer 11.

405. E.9112/50.

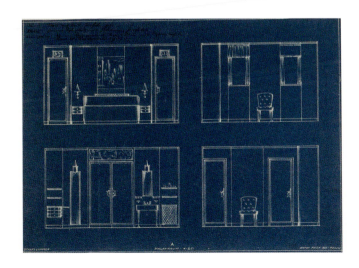

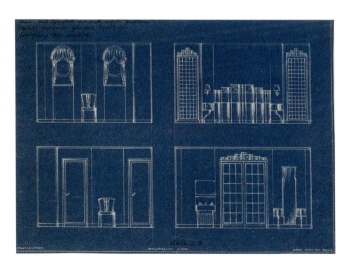

HAMBURG~AMERIKA-LINIE · NEUBAU № 405 „DEU

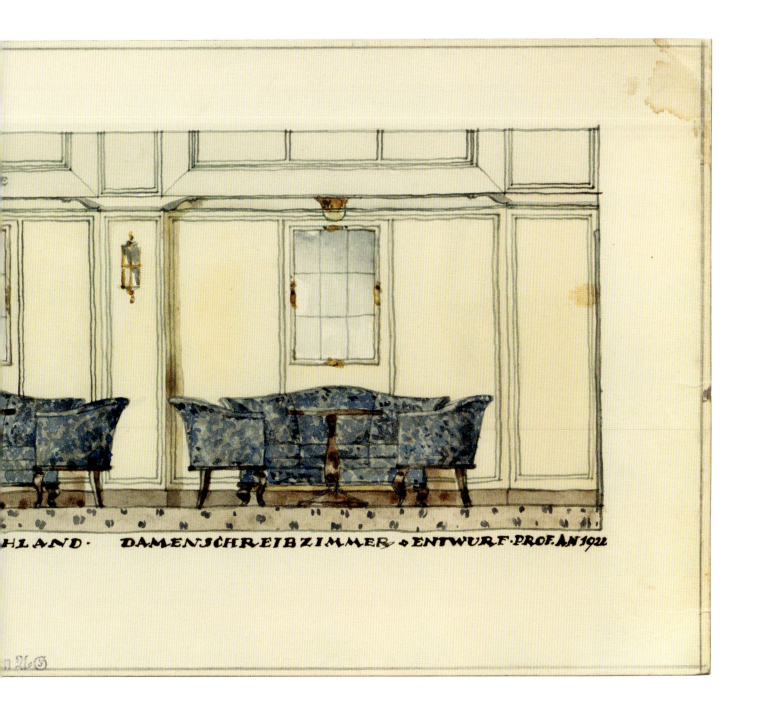

...HLAND · DAMENSCHREIBZIMMER · ENTWURF · PROF. AN 1922

Damenschreibzimmer

kolorierte Entwurfszeichnung

Adelbert Niemeyer, 1922

Staatszimmer

kolorierte Entwurfszeichnung

des Wohnraums

Adelbert Niemeyer, 1922

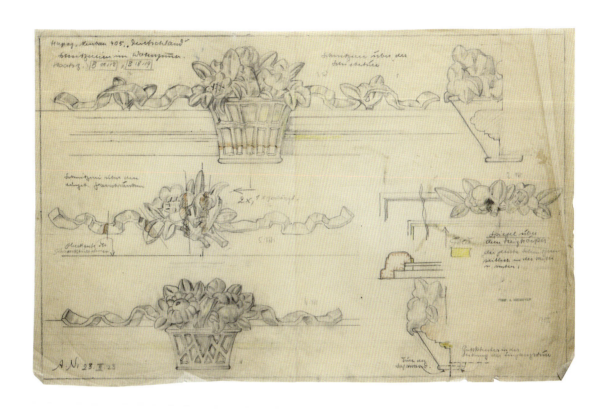

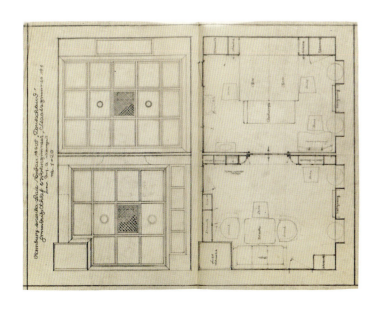

Staatszimmer

Detailzeichnungen und Grundriss

Adelbert Niemeyer, 1922

Deutschland
Postkartenmotiv, 1935

Wohnzimmereinrichtung

um 1910

Kredenz

Kirschbaum/Mahagoni

mit Messinggriffen

Entwurf um 1909

ADELBERT NIEMEYER

*1867 in Warburg | †1932 in München

Adelbert Niemeyer studierte zunächst Malerei an der Düsseldorfer Akademie, bevor er 1888 nach München übersiedelte. Er war vielseitig musisch begabt und arbeitete zeitweise auch als Schauspieler und Musiker. 1898 gehörte Niemeyer zu den Initiatoren der Münchner Sezession, vier Jahre darauf gründete er zusammen mit Karl Bertsch die Münchner Werkstätten für Wohnungseinrichtung. Nach deren Vereinigung mit den Dresdner Werkstätten für Handwerkskunst wurde er einer der wichtigsten Gestalter des Unternehmens, das sich in der Folge Deutsche Werkstätten für Handwerkskunst nannte. Er entwarf zahlreiche Einzel- und Serienmöbel, Tapeten, Stoffe und Teppiche sowie Fertigholzhäuser. Darüber hinaus war er am Ausbau der HAPAG-Dampfer *Johann Heinrich Burchard* und *Deutschland* beteiligt. Neben seiner Tätigkeit als Entwerfer lehrte er als Professor an der Münchner Kunstgewerbeschule.

HAMBURG (1926)

HAPAG | Blohm & Voss (Hamburg) | 193,5 m

Die *Hamburg* war, genau wie die *Deutschland*, ein Schiff der sogenannten Albert-Ballin-Klasse und fuhr ebenfalls auf der Nordatlantikroute. Später wurde sie dann häufig und sehr erfolgreich
auch als Kreuzfahrtschiff eingesetzt. Im Zweiten Weltkrieg war
sie als Wohn- und Transportschiff im Einsatz. Im März 1945 lief
sie auf eine Mine und kenterte. Nach Kriegsende wurde das Wrack
gehoben und im Auftrag der Sowjetunion in verschiedenen
Werften wieder instandgesetzt. Ursprünglich war ein Ausbau
zum Passagierschiff geplant, am Ende wurde die ehemalige *Hamburg* aber zum Walfangmutterschiff *Juri Dolgoruki* umgerüstet.
Als solches war der einstige HAPAG-Dampfer dann zwischen
1960 und 1976 im Südpolarmeer im Einsatz.

Damensalon II. Klasse
Ausführung in geflammtem Birkenholz

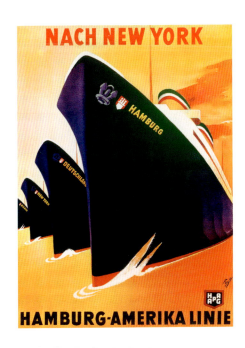

Auf der *Hamburg* statteten die Deutschen Werkstätten nach Entwürfen von Karl Bertsch den Damensalon der zweiten Klasse aus und ernteten abermals Lobeshymnen:

»Fast kann man sagen, daß der Damensalon der zweiten Klasse – in geflammtem Birkenholz ausgeführt, hergestellt von den Deutschen Werkstätten zu Dresden-Hellerau – in seiner wundervollen Schlichtheit von keinem Gesellschaftsraum der ersten Klasse erreicht oder gar übertroffen wird.« Dresdner Neueste Nachrichten 191 (17.8.1926)

Damensalon II. Klasse

Wandverkleidung mit

aufwändigen Furnierbildern

95

NEW YORK (1927)

HAPAG | Blohm & Voss (Hamburg) | 193,5 m

Auf der *New York* statteten die Deutschen Werkstätten nicht nur – wie auf der *Hamburg* – den Damensalon, sondern auch den Speisesaal für die zweite Klasse aus. Die Qualität der Arbeiten nach den Entwürfen von Karl Bertsch wurde vielfach gelobt:

»Vollendet in Stil und behaglicher Wirkung ist auch die Ausschmückung der 2. Klasse, die ganz von den Deutschen Werkstätten ausgeführt ist, und mit ihrer wundervoll gemaserten, warmen Nußbaumtäfelung der Tische und Wände mit zu dem Behaglichsten gehört, was die heutige Innendekoration vollbracht hat.«
Münchner Neueste Nachrichten 91 (3. 4. 1927)

Die *New York* war sowohl im äußeren Aufbau als auch bei der Inneneinrichtung nahezu identisch mit der ein Jahr zuvor gebauten *Hamburg* und wurde ebenfalls als Linien- und Kreuzfahrtschiff eingesetzt sowie im Zweiten Weltkrieg als Wohnschiff genutzt. Im April 1945 wurde die *New York* bei einem schweren US-amerikanischen Luftangriff bei Kiel versenkt. Das Wrack wurde später gehoben und nach Großbritannien geschleppt, wo es verschrottet wurde.

97

Damensalon II. Klasse

Raumgestaltung im Art-Deco-Stil

Speisesaal II. Klasse

Funktional, schlicht und doch elegant

Anrichte 120/5

Zebrano/Oregon

mit Messingaufsatz

Entwurf 1927

KARL BERTSCH

*1873 in München | †1933 in Bad Nauheim

Obwohl er nie eine Hochschule besucht, sondern sich das Handwerk des Gestalters als Autodidakt selbst erarbeitet hatte, wurde Karl Bertsch einer der wichtigsten Vertreter des modernen Kunstgewerbes in Deutschland. 1902 gründete er zusammen mit Willy von Beckerath und Adelbert Niemeyer die Münchner Werkstätten für Wohnungseinrichtung, die 1907 mit Karl Schmidts Dresdner Werkstätten für Handwerkskunst vereinigt wurden. Fortan firmierte das Unternehmen unter dem Namen Deutsche Werkstätten für Handwerkskunst. Bertsch hatte von Beginn an eine kaufmännische Position inne, war aber zugleich im großen Umfang gestalterisch tätig und schuf unter anderem hunderte Einzelmöbel und Raumeinrichtungen. Darüber hinaus war er insbesondere in den 1920er Jahren der wichtigste Entwerfer der Deutschen Werkstätten für Schiffsausstattungen, sowohl für die Hochsee- als auch für die Binnenschifffahrt.

MAGDALENA
UND ORINOCO (1928)

HAPAG | F. Schichau (Danzig) + Bremer Vulkan | 147,5 m

Die Schwesternschiffe *Magdalena* und *Orinoco* wurden jeweils von zwei großen, 6 800 PS starken Dieselmotoren angetrieben und waren ab 1928 für den Mittelamerika- und Westindiendienst der HAPAG im Einsatz. Dabei blieb es aber nicht, denn beiden Dampfern stand jeweils noch eine ereignisreiche Schiffsbiografie bevor: Die *Magdalena* lief Anfang 1934 vor Curaçao (Karibik) auf Grund, musste daraufhin abgeschleppt und generalüberholt werden und fuhr anschließend als *Iberia*. Nach dem Zweiten Weltkrieg ging sie als

Gesellschaftshalle I. Klasse

Aufnahmen aus der *Magdalena*

Reparation an die Sowjetunion, die den Dampfer in *Pobeda* (Sieg) umbenannte und als Linien- und Kreuzfahrtschiff im Schwarzen Meer einsetzte. Die *Orinoco* wiederum wurde 1941 von Mexico beschlagnahmt, zunächst an die USA verliehen und später nach Argentinien verkauft. Unter dem Namen *Juan de Garay* pendelte sie ab 1947 als Einklassenschiff zwischen dem Río de la Plata und den Mittelmeerhäfen Europas.

Die Deutschen Werkstätten bauten auf der *Magdalena* und dem Schwesterschiff *Orinoco* die im eleganten Zwanziger- jahre-Chic eingerichtete Gesellschaftshalle in der ersten Klasse aus. Besonders auffällig war die großflächige De- ckenleuchte, die den Raum in ein angenehm diffuses Licht tauchte. Der Gestalter der Innenarchitektur war auch hier Karl Bertsch.

Gesellschaftshalle I. Klasse

Ansichten aus der *Orinoco*

CORDILLERA
UND CARIBIA (1933)

HAPAG | Blohm & Voss (Hamburg) | 159,8 m

Eine Besonderheit der Schwesternschiffe war die durchgehende Mittelachse, die durch eine Teilung der Abgasschächte ermöglicht wurde, welche seitlich statt – wie sonst üblich – mittig verliefen. Die Deutschen Werkstätten statteten – nach Entwürfen von Karl Bertsch – sowohl auf der *Cordillera* als auch auf der *Caribia* den opulenten Speisesaal der ersten Klasse aus. Die Ausführung war ein Gesamtkunstwerk:

»Durch die Auswahl des Holzes – Birke und Nußbaum –, die weißlackierte Decke und die farbig dazu gestimmten und eigens gefertigten Bodenbeläge, Bezüge und Vorhänge wirkt der Raum farbig und stofflich gewählt und harmonisch. [...] Das Schiff geht hinaus als ein wertvolles Zeugnis deutschen schöpferischen Könnens, sowohl des entwerfenden Künstlers als der ausführenden Deutschen Werkstätten.« Innendekoration 44 (1933)

Der Bau der *Cordillera* und der *Caribia* bewahrte die Hamburger Großwerft Blohm & Voss während der Weltwirtschaftskrise Anfang der 1930er Jahre vor dem Bankrott, was auch an der finanziellen Unterstützung der Projekte durch die Reichsregierung lag. Ab 1933 fuhren sie für die HAPAG auf der Mittelamerika-Linie und steuerten dabei auch die karibischen Inseln an. Während des Zweiten Weltkriegs wurden die Dampfer zwischenzeitlich militärisch genutzt. Im Anschluss gingen sie als Kriegsbeute an die Sowjetunion, die sie wieder zu Passagierschiffen umbauen ließ. Die *Cordillera* fuhr fortan als *Russ*, die *Caribia* als *Iljitsch*.

Speisesaal I. Klasse

Durchkomponierte Gemütlichkeit

auf der *Cordillera*

Cordillera

Stapellauf am 6. März 1933

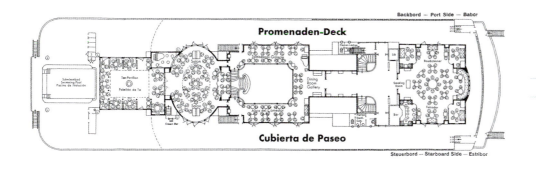

Backbord — Port Side — Babor

Promenaden-Deck

Cubierta de Paseo

Steuerbord — Starboard Side — Estribor

Decksplan der *Caribia*

um 1932

Caribia

um 1935

»Nach Westindien und

Mittelamerika«

Plakatwerbung der HAPAG, 1934

Speisesaal I. Klasse

Blick zum Treppenaufgang

in der *Cordillera*

Speisesaal I. Klasse

Impressionen aus der *Cordillera*

Wandverzierung

Entwurfszeichnung für die *Cordillera*

um 1932

115

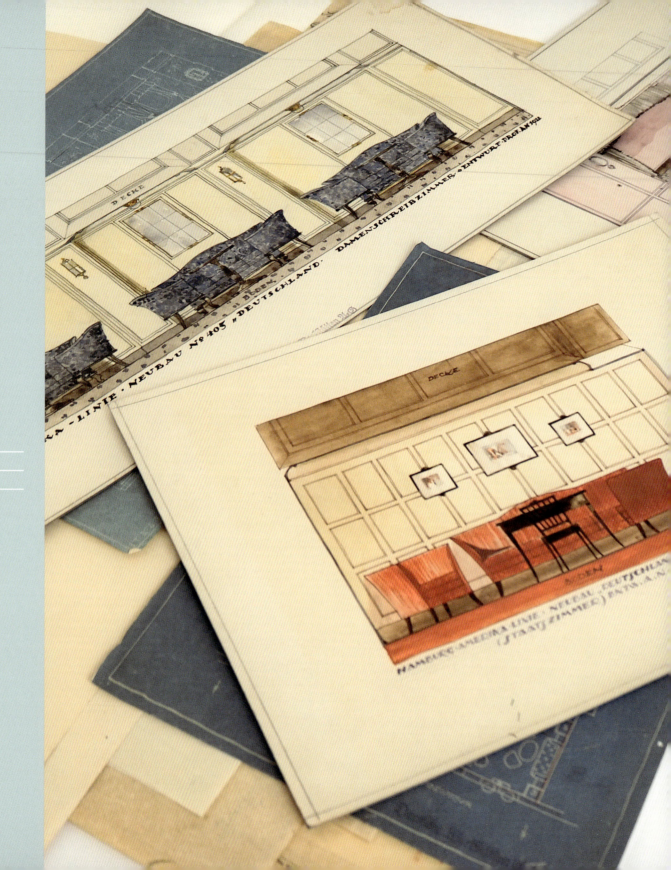

Mappe mit Entwürfen

für den HAPAG-Dampfer

Deutschland

DAS FIRMENARCHIV
DER DEUTSCHEN WERKSTÄTTEN

In der ersten Hälfte des 20. Jahrhunderts prägten die Deutschen Werkstätten nachhaltig die Wohnkultur und das Design in Deutschland. Das Unternehmen revolutionierte nicht nur den Möbel-, sondern auch den Innenausbau, arbeitete mit den renommiertesten Architekten der Zeit zusammen und war maßgeblich an der Gründung des Deutschen Werkbundes (1907) und dem Bau der Gartenstadt Hellerau (1909–1912) beteiligt. Glücklicherweise ist vieles davon gut dokumentiert, weil die Deutschen Werkstätten praktisch von Beginn an Briefe, Pläne, Entwurfszeichnungen, Fotos und andere Dokumente aufbewahrten, darunter auch reichhaltiges Material zum Schiffsinnenausbau. 1999 wurde das gesamte Firmenarchiv vom Hauptstaatsarchiv Dresden übernommen. Dort haben die Unterlagen nicht nur perfekte Lagerbedingungen, sondern sie sind auch gut zugänglich für Wissenschaftler und andere Interessierte. Der Bestand mit der Signatur 11764 hat einen Gesamtumfang von über 250 Regalmetern und steht unter Kulturgutschutz.

PRESTIGE

EXPERTISE UND KNOW-HOW
BREMEN (1929)
BOISSEVAIN (1938)
BRUNO PAUL
WILHELM GUSTLOFF (1938)
NACHLASS WILHELM KRUMBIEGEL

Montagearbeiten

Mitarbeiter der Deutschen Werkstätten

auf der *Wilhelm Gustloff*, um 1937

EXPERTISE UND KNOW-HOW

Die Deutschen Werkstätten waren in der ersten Hälfte des 20. Jahrhunderts der größte und erfolgreichste Möbelhersteller des Landes. In fast allen deutschen Großstädten gab es Verkaufsstellen, über Kataloge konnte das umfangreiche Einrichtungsangebot eingesehen und bestellt werden. Es gab jedoch auch damals schon Unternehmensbereiche, die sich besonderen Projekten widmeten. Die Deutschen Werkstätten bauten im großen Umfang öffentliche und private Gebäude aus und produzierten zwischenzeitlich sogar komplette Fertigholzhäuser, die teilweise auch ins Ausland verkauft wurden. Der Schiffsausbau nahm seinerzeit zwar nur eine begrenzte, gleichzeitig aber sehr prominente Stellung innerhalb der Aktivitäten ein. Die Deutschen Werkstätten galten als zuverlässiger und erfahrener Partner und genossen bei den Werften und den Reedereien einen exzellenten Ruf. Beim Ausbau der großen Ozeandampfer kamen dem Unternehmen auch die Erfahrungen aus der Möbelproduktion und dem Innenausbau zu Gute. So konnte man hier auf umfangreiches Materialwissen sowie diverse selbst entwickelte Fertigungstechnologien zurückgreifen.

BREMEN (1929)

Norddeutscher Lloyd | DeSchiMAG (Bremen) | 286,1 m

Neben der HAPAG gab es noch eine zweite sehr erfolgreiche deutsche Schifffahrtsgesellschaft: den 1857 gegründeten Norddeutschen Lloyd. Ende der 1920er Jahre sorgte die Bremer Reederei mit zwei Großprojekten für Furore. Bereits der Bau der *Bremen* und ihres Schwesterschiffes *Europa* wurden weltweit mit Spannung verfolgt. Bei ihrer Jungfernfahrt nach New York überquerte die *Bremen* den Atlantik in Rekordzeit und wurde dafür mit dem prestigeträchtigen Blauen Band ausgezeichnet. Der 286 Meter lange 4-Schrauben-Schnelldampfer wusste aber nicht nur technisch zu überzeugen, sondern auch durch seine Innenausstattung, die mehrheitlich auf Passagiere der ersten und zweiten Klasse zugeschnitten war. Im Zweiten Weltkrieg wurde die *Bremen* grau angestrichen und zum Truppentransporter umgebaut. Während sie im Hamburger Hafen lag, brach am 16. März 1941 ein großes Feuer an Bord aus, woraufhin die *Bremen* geflutet und auf Grund gesetzt werden musste. Es folgten die Demontage aller noch nutzbaren Teile und anschließend die Verschrottung.

Mit der Gestaltung der repräsentativen Gesellschaftsräume der *Bremen* wurde der angesehene Architekt Fritz August Breuhaus de Groot beauftragt. An der Ausstattung des seinerzeit modernsten Passagierschiffes der Welt waren aber noch weitere Entwerfer sowie die besten Innenausbau-Unternehmen des Landes beteiligt. Von den Deutschen Werkstätten wurde die von Bruno Paul entworfene Luxussuite ausgeführt. Das vornehm-zurückhaltende Raumensemble bestand aus einem Schlaf- und einem Wohnzimmer, beide mit hellem Zitronenholz vertäfelt, sowie einem Vorraum und einem Badezimmer. Schränke, Regale und diverse Schübe wurden elegant in die Wände integriert.

Luxuskabine
Blick in das Wohnzimmer

Bremen

Stapellauf am 16. August 1928

BOISSEVAIN (1938)

Koninklijke Paketvaart Maatschappij | Blohm & Voss (Hamburg) | 170,5 m

Nach der Übertragung an die Koninklijke Java-China-Paketvaart Lijnen 1948 fuhr die *Boissevain* vor allem auf der sogenannten Asien-Afrika-Südamerika-Linie. Nach dreißig Jahren im Dienst wurde sie 1968 abgewrackt.

Auf die Ausstattung der *Boissevain* waren die Deutschen Werkstätten seinerzeit besonders stolz. Das Unternehmen erhielt den Auftrag auch wegen seines guten Rufes und übernahm einen großen Teil des Innenausbaus des 170,5 Meter langen »Ostindien-Dampfers«:

»Vestibül, Gesellschaftshalle, Speisesaal und Treppenhäuser übertrug die Reederei den Deutschen Werkstätten Hellerau, als einer Firma, die über alte Erfahrungen im Einrichten von Schiffen und über moderne fabrikationstechnische Einrichtungen verfügt.«
Innendekoration 49 (1938)

Die *Boissevain* wurde im Auftrag der Koninklijke Paketvaart Maatschappij in Hamburg bei Blohm & Voss gebaut und war das einzige Schiff der in Amsterdam ansässigen Reederei, das in Deutschland vom Stapel lief. Und es gab noch eine weitere Besonderheit: Die Werft wurde bei diesem Projekt nämlich nicht mit Geld, sondern mit einer stattlichen Menge Tabak (Kolonialware) bezahlt. Die *Boissevain*, die aufgrund ihres Erscheinungsbilds auch »weiße holländische Yacht« genannt wurde, operierte ab 1938 vor allem in den Gewässern des heutigen Indonesiens.

Treppenhaus

Galeriebereich mit Landkarten

Deckenbeleuchtung

mit Darstellungen der Sternzeichen

131

Die Deutschen Werkstätten verwendeten beim Ausbau der *Boissevain* an vielen Stellen sogenanntes »TEGO-Sperrholz«, welches ohne Leim unter hohem Druck gepresst wurde. Die Platten waren damit unempfindlich gegen Feuchtigkeit und starke Temperaturschwankungen. Die Entwürfe lieferte auch bei diesem Projekt einer der angesehensten deutschen Entwerfer für Schiffsausstattungen: Bruno Paul.

Speisesaal

mit Wandteppich

»Sumatra-Java-Borneo«

VAREN WIL ZIJ ONV

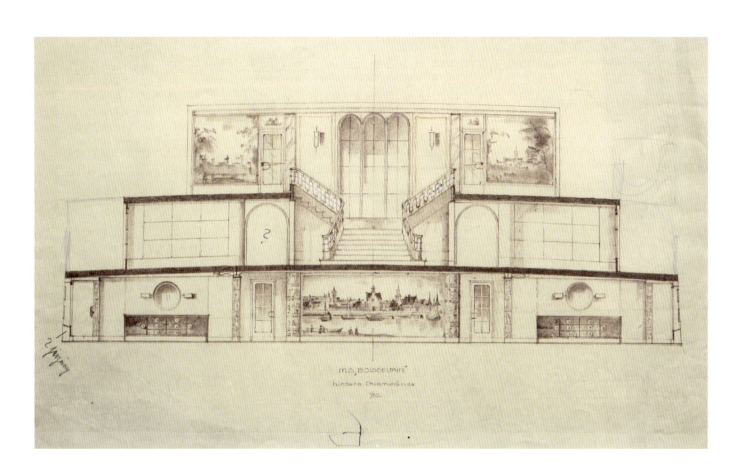

M.S. BOISSEVAIN
hintere Querwände
1/20.

Wandansicht

um 1937

Rauchsalon

mit Séparée

135

Schlafzimmer 173

um 1925

Nachtschrank 273/10

Eiche/Kiefer, gelb lackiert

Entwurf 1932

BRUNO PAUL

*1874 in Seifhennersdorf | †1968 in Berlin

Bruno Paul gehörte zu den bekanntesten und einflussreichsten Entwerfern seiner Zeit
und war ein Wegbereiter der modernen Architektur in Deutschland. Nach dem Studium
an der Kunstgewerbeschule in Dresden und an der Akademie der Bildenden Künste in
München arbeitete er eine Zeit lang als Illustrator und Karikaturist, wandte sich aber
schon bald verstärkt der Architektur und Innenarchitektur zu. 1911 erhielt er erstmals
einen Auftrag der Deutschen Werkstätten. Vor allem in den 1920er und 1930er Jahren
gehörte er dann zu den aktivsten und bedeutendsten Gestaltern des Unternehmens.
Er prägte in dieser Zeit nicht nur die serielle Möbelproduktion, sondern entwarf auch
luxuriöse Raumausstattungen, Fertigholzhäuser sowie Schiffseinrichtungen für die
Ozeandampfer *Bremen* und *Boissevain*. Daneben arbeitete Paul überaus erfolgreich als
Architekt sowie als Hochschullehrer in Berlin. Zu seinen Schülern zählte unter anderen
Ludwig Mies van der Rohe.

WILHELM GUSTLOFF (1938)

Deutsche Arbeitsfront | Blohm & Voss (Hamburg) | 208,5 m

Die Geschichte der *Wilhelm Gustloff* ist gleichermaßen problematisch wie tragisch. Gebaut wurde sie als Kreuzfahrtschiff im Auftrag der nationalsozialistischen »Deutschen Arbeitsfront« für ihre Organisation »Kraft durch Freude«. Die für knapp 1 500 Fahrgäste ausgelegte Ausstattung war hochmodern. Sämtliche Schlafkammern besaßen Außenfenster, auf dem Sonnendeck gab es einen eigenen Sportplatz. Auf die Jungfernreise nach Madeira (Portugal) folgten mehrere Fahrten nach Norwegen und Italien.

Während des Zweiten Weltkriegs wurde die *Wilhelm Gustloff* zunächst zum Lazarettschiff und, etwas später, zum Truppentransporter umgebaut. Völlig überladen, größtenteils mit Flüchtlingen aus Hinterpommern (heute Polen), wurde sie am 30. Januar 1945 nahe der Ostseeküste von einem sowjetischen U-Boot versenkt. Wie viele Personen sich an Bord befanden, konnte nie abschließend geklärt werden. Die Schätzungen gehen von bis zu 10 300 Passagieren aus, von denen knapp über tausend gerettet werden konnten.

Große Halle

Montagearbeiten, um 1937

Große Halle

Montagearbeiten, um 1937

Die Gestaltung des Innenausbaus der *Wilhelm Gustloff* wurde dem Architekten Woldemar Brinkmann anvertraut. Die Deutschen Werkstätten realisierten bei der Ausstattung des Kreuzfahrtdampfers die sogenannte Große Halle auf dem unteren Promenadendeck, die Platz für 380 Passagiere bot und über zwei Tanzflächen verfügte.

Der Raum war fast durchgängig in hellem Schleiflack ausgeführt. Es gab ein Musikpodium, und an vielen Stellen waren große Gemälde angebracht. Der komplette Innenausbau der Halle, also Vertäfelung und Verkleidung, Möblierung, Dekorationsarbeiten und Technikintegration wurde vor Ort von Mitarbeitern der Deutschen Werkstätten geleitet und koordiniert.

Große Halle

Impressionen

Wilhelm Gustloff

kurz vor der Indienststellung

im März 1938

New York

während des Baus bei Blohm & Voss

in Hamburg, um 1925

Wilhelm Gustloff

im Hamburger Hafen

um 1937

NACHLASS
WILHELM KRUMBIEGEL
(1886–1960)

In der Deutschen Fotothek in der Staats- und Universitätsbibliothek Dresden wird seit 2009 ein berufsbezogenes Konvolut von rund 100 Fotografien sowie eine Mappe mit persönlichen Unterlagen aus dem Nachlass des Tischlers und technischen Zeichners Wilhelm Krumbiegel aufbewahrt. Die Abzüge zeigen den Bau und die Ausstattung von zwischen 1910 und 1938 gebauten Passagierschiffen. Krumbiegel war von 1909 bis Anfang der 1950er Jahre in den Deutschen Werkstätten Hellerau tätig, zunächst als Tischler, ab 1915 als Zeichner und seit Mitte der 1920er Jahre als Techniker, der auch größere Aufträge als Montageleiter ausführte. Er war unter anderem beteiligt am Innenausbau des Schnelldampfers *Bremen* und des Kreuzfahrtschiffes *Wilhelm Gustloff* sowie an der Ausstattung der Direktionsetage des IG-Farben-Hauses in Frankfurt/Main nach Entwürfen des Architekten Hans Poelzig.

(Marc Rohrmüller, Deutsche Fotothek)

BINNENSCHIFFFAHRT

AUF FLÜSSEN UND SEEN
LEIPZIG (1929)
ALLGÄU (1929)
DEUTSCHLAND (1935)

Bodenseedampfer *Deutschland*

Jungfernfahrt am 4. Juni 1935

AUF FLÜSSEN UND SEEN

Zu Beginn des 20. Jahrhunderts erfuhr in Deutschland nicht nur die Hochseeschiff-
fahrt einen Aufschwung, es wurde auch eine große Zahl von Passagierschiffen gebaut,
die auf Flüssen und Seen verkehrten. Besonders beliebt waren Vergnügungsfahrten
auf dem Rhein, der Donau, der Elbe und der Mosel sowie auf dem Bodensee. Die dafür
zuständigen Gesellschaften bemühten sich darum, zumindest einen Teil des weltläufigen
Charmes, der von den imposanten Luxuslinern dieser Zeit ausging, in der Binnenschifffahrt zu etablieren. Man wollte weg von dem Image, dass die Dampfer auf den Inlands-
gewässern nicht mehr als zweitklassige »schwimmende Kneipen« seien. Die neu gebauten
Fahrgastschiffe waren zwar nicht so groß wie die Ozeanriesen, konnten aber im Hinblick
auf ihre Innenausstattung teilweise durchaus mithalten. Ältere Schiffe wurden oft mit
viel Aufwand modernisiert.

Hafen in Lindau

um 1936

LEIPZIG (1929)

Sächsisch-Böhmische Dampfschiffahrt | Schiffswerft Laubegast | 70,1 m

Die Sächsische Dampfschiffahrt, die 1836 gegründet wurde, besitzt die größte und älteste Raddampferflotte der Welt. Die 1929 fertiggestellte *Leipzig* ist das jüngste und auch das größte dieser Schiffe, die von zwei seitlichen Schaufelrädern angetrieben werden. Sie fuhr als Salondampfer auf der Elbe und bot Platz für bis zu 1 500 Passagiere. Nach dem verheerenden Luftangriff auf Dresden im Februar 1945 brachte die *Leipzig* – inzwischen zum Lazarettschiff umfunktioniert und mit einem grauen Tarnanstrich versehen – Verletzte aus der

Stadt. Kurz darauf wurde sie durch eine Fliegerbombe schwer beschädigt, sodass sie mit großem Aufwand repariert werden musste. Seit 1947 ist die *Leipzig* wieder als Fahrgastschiff auf der Elbe im Einsatz und erfreut sich, vor allem bei Ausflüglern und Touristen, nach wie vor großer Beliebtheit.

Die Deutschen Werkstätten übernahmen auf der *Leipzig* den Innenausbau sämtlicher Fahrgasträume, sowohl der ersten als auch der zweiten Klasse. Die Entwürfe lieferte der Münchner Architekt Karl Bertsch, der auch bei den Ausstattungen der Hochseeschiffe häufig zum Zug kam.

Treppenhaus

Arbeitsbereich des Kellners

Fahrgastraum

im Zwischendeck

Leipzig

am Terrassenufer in Dresden

1934

ALLGÄU (1929)

Deutsche Reichsbahn | Deggendorfer Werft und Eisenbau | 60,5 m

Nach einer Generalüberholung wurde die *Allgäu* 1949 wieder als deutsches Fahrgastschiff in Dienst gestellt und fuhr noch bis 1999 auf dem Bodensee. Die Innenausstattung der *Allgäu* war ganz bewusst den großen Luxuslinern nachempfunden und brachte ihr den schmeichelhaften Beinamen »Bremen des Bodensees« ein.

Die Fahrgasträume der ersten Klasse wurden, einschließlich des Treppenaufgangs, alle von den Deutschen Werkstätten ausgebaut. Das Rauchzimmer war mit rotbraunem Nussbaum-, der Damensalon mit hellrotem Kirschbaumholz vertäfelt. Der große Speisesaal war dagegen in geflammter Birke ausgeführt, die durch blauen Velourteppich kontrastiert wurde. Die Entwürfe lieferte höchstwahrscheinlich Karl Bertsch.

Die *Allgäu* war das erste große Fahrgastschiff auf dem Bodensee, das mit einem Dieselmotor betrieben wurde. Mit einer Länge von 60,5 Metern – mehr war auf dem Gewässer nicht zugelassen – bot sie Platz für 1 200 Passagiere. Im Vergleich zu den sonst eher kleinen Booten auf dem See erschien das moderne Zweideckschiff, das größtenteils für Sonderfahrten eingesetzt wurde, fast wie ein Ozeandampfer. Den Zweiten Weltkrieg verbrachte die *Allgäu* stillgelegt in ihrem Heimathafen Lindau. Anschließend diente sie für einige Zeit der französischen Militärpolizei als »schwimmende Kommandantur«.

Laube I. Klasse

mit Sitznischen

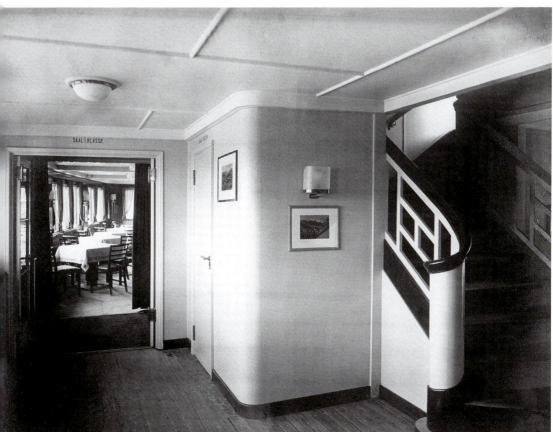

Treppenhaus

Blick in den Speisesaal II. Klasse

Allgäu

im Konstanzer Hafen

um 1935

DEUTSCHLAND (1935)

Deutsche Reichsbahn | Deggendorfer Werft und Eisenbau | 56,3 m

(Königin der Nacht) einbrachte. Ab 1949 hieß die ehemalige *Deutschland* dann *Lindau* und war wieder als deutsches Fahrgastschiff registriert. Es folgten eine weitere Namensänderung zur *Überlingen* sowie noch 56 Dienstjahre auf dem Bodensee.

Die Deutschen Werkstätten gestalteten auf der *Deutschland* – so wie auch schon auf der *Allgäu* – die Fahrgasträume der ersten Klasse, darunter einen elegant eingerichteten Rauchsalon sowie einen einladend hellen Speisesaal.

Das Dreideck-Motorschiff *Deutschland* gehörte ebenfalls zur bayerischen Bodenseeflotte und wurde nach seiner Indienststellung 1935 vor allem für Sonderfahrten und repräsentative Anlässe genutzt. Auch sie wurde während des Zweiten Weltkriegs stillgelegt und im Anschluss vom französischen Militär genutzt, das sie in *Rhin et Danube* umtaufte. Die Besatzungstruppen veranstalteten auf dem Schiff Bälle und Tanzfahrten, was ihm den Beinamen »Reine de la Nuit«

Speisesaal I. Klasse

mit auffällig strukturierter Decke

Deutschland

im Heimathafen in Lindau, 1936

Treppenhaus

aus unterschiedlichen Perspektiven

Rauchsalon I. Klasse

mit üppiger Holzvertäfelung

HAMMER UND SICHEL

REPARATIONEN FÜR DIE SOWJETUNION
ALTE BEKANNTE
POBEDA (1952)
ERNST MAX JAHN
RUSS (1952)

Asia

am Ausstattungskai

in Rostock-Warnemünde

1950

Admiral Nachimow

um 1955

REPARATIONEN FÜR DIE SOWJETUNION

Während des Zweiten Weltkriegs dienten die Passagierschiffe der deutschen Reedereien in den meisten Fällen als Hilfskreuzer, Sanitäts- und Wohnschiffe sowie als Truppentransporter. Viele wurden im Laufe des Konflikts versenkt, andere blieben manövrierunfähig in flachen Gewässern zurück. Im Mai 1945 kapitulierte das Deutsche Reich und wurde anschließend von den alliierten Siegermächten besetzt. Insbesondere die Sowjetunion forderte umfangreiche Reparationen für die von Deutschland verursachten Kriegsschäden ein. Darunter fiel auch die Wiederinstandsetzung ehemaliger Passagierdampfer, die von der Roten Armee erbeutet oder der Sowjetunion anderweitig zugesprochen worden waren. Diese Schiffe befanden sich fast alle in einem desolaten Zustand und wurden zur Reparatur in verschiedene Werften gebracht, vor allem nach Rostock-Warnemünde sowie nach Wismar. Die einstigen Ozeanriesen wurden hier nicht nur wieder fahrtüchtig gemacht und gestrichen, sondern erhielten in aller Regel auch eine komplett neue Innenausstattung.

Juri Dolgoruki

in der Warnowwerft in

Rostock-Warnemünde, 1959

ALTE BEKANNTE

Die Deutschen Werkstätten beteiligten sich nach dem Zweiten Weltkrieg in großem Umfang an der Wiederinstandsetzung von Passagierschiffen. Bis vor Kurzem waren jedoch – auch im Unternehmen selbst – kaum Details zu diesen Projekten bekannt. Spannend ist auch, dass die Deutschen Werkstätten auf mindestens zwei Schiffen, für deren Generalüberholung sie engagiert wurden, schon einmal gearbeitet hatten: auf der *Magdalena* und der *Cordillera*, die Anfang der 1950er Jahre im Auftrag der Sowjetunion aufwändig um- und ausgebaut wurden, und anschließend als *Pobeda* beziehungsweise *Russ* unter neuer Flagge im Linien- und Kreuzfahrtdienst zum Einsatz kamen. Darüber hinaus gibt es konkrete Hinweise darauf, dass die Deutschen Werkstätten an der Wiederinstandsetzung der *Hamburg* beteiligt waren. Auch sie sollte ursprünglich wieder als Passagierdampfer flott gemacht werden, wurde letztlich aber zum Walfangmutterschiff *Juri Dolgoruki* umgerüstet

Wrack der *Cordillera*

bevor sie zum Passagierdampfer *Russ*

umgebaut wurde, um 1948

POBEDA (1952)

Sowjetunion | Wismarer Reparaturwerft | 148,1 m

Die *Pobeda* war ursprünglich als *Magdalena* für den Mittelamerika-Dienst der HAPAG gebaut worden. Ab 1935 fuhr sie unter dem Namen *Iberia*. Nach dem Zweiten Weltkrieg wurde der knapp 150 Meter lange Dampfer, der bereits in den Jahren zuvor größtenteils als Wohnschiff gedient hatte, kurzzeitig von der britischen Royal Navy im Kieler Hafen als Unterkunft genutzt. Anfang 1946 wurde die *Iberia* dann als Reparation an die Sowjetunion übergeben. Zur *Pobeda* (Sieg) umgetauft, verkehrte sie einige Zeit zwischen der Krim und dem Kaukasus im Schwarzen Meer, bevor sie 1950 für eine Generalüberholung nach Wismar kam.

Am 8. Mai 1952, exakt sieben Jahre nach der bedingungslosen Kapitulation des Deutschen Reichs, wurde die komplett modernisierte *Pobeda* dann feierlich an den neuen Kapitän ausgehändigt. Es folgten 25 weitere Dienstjahre als Linien- und Kreuzfahrschiff im Schwarzen Meer.

Speisesaal II. Klasse

aus unterschiedlichen Perspektiven

Als die *Pobeda* Anfang der 1950er Jahre generalüberholt wurde, übernahmen die Deutschen Werkstätten einen großen Teil des Innenausbaus und statteten unter anderem das Restaurant und den Musiksalon in der ersten Klasse, das Restaurant und den Speisesaal der zweiten Klasse sowie die Luxus-, die Staats- und die Offizierskabinen aus. Die künstlerische Leitung der Neugestaltung übernahm der Leipziger Architekt Ernst Max Jahn. Für den Innenausbau wurde hochwertiges Holz aus der ganzen Welt verwendet, darunter ostindischer Palisander, Mahagoni aus Honduras, Makassar-Ebenholz und Eisbirke.

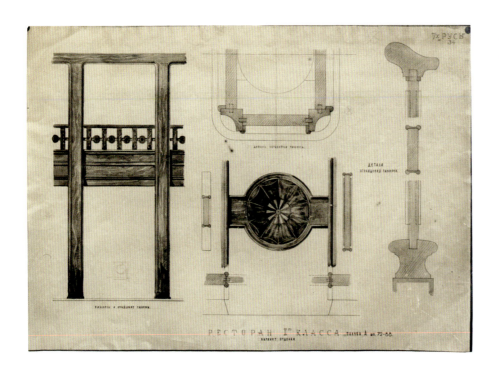

172

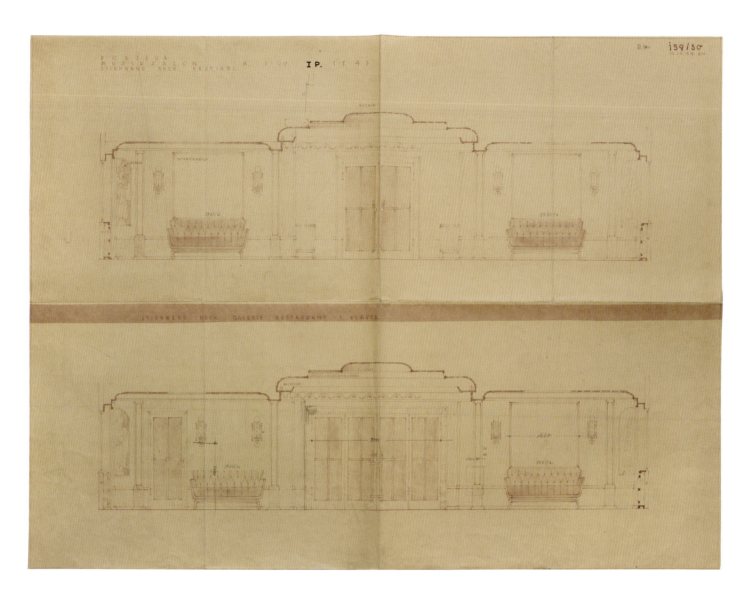

Musiksalon I. Klasse

Wandabwicklung, um 1950

Lampe

im Rauchsalon

Belüftungsplan

für das Promenaden-, Boots-
und Brückendeck, um 1950

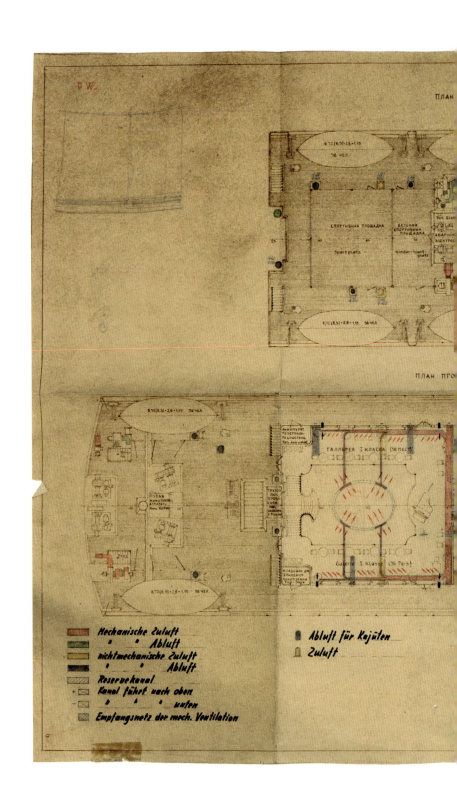

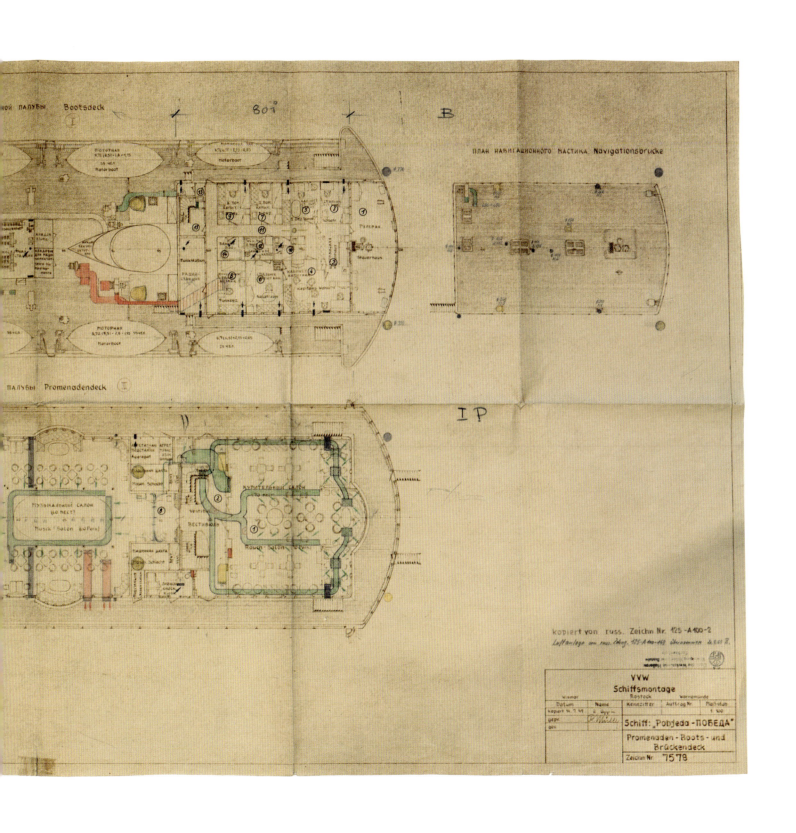

...ой палубы. Bootsdeck

801°

B

ПЛАН НАВИГАЦИОННОГО МАСТИКА. Navigationsbrücke

...палубы Promenadendeck

IP

kopiert von russ. Zeichn. Nr. 125-A100-2
Luftanlage an russ. Zeichng. 125-A100-149 übernommen d.8.49 H.

VVW
Schiffsmontage
Rostock

Wismar		Rostock	Warnemünde	
Datum	Name	Kennziffer	Auftrag Nr.	Maßstab
kopiert 14.7.49	E. Grp~			1:100
gepr.	P. Müller			
gen.				

Schiff: „Pobjeda - ПОБЕДА"

Promenaden-, Boots- und
Brückendeck

Zeichn. Nr. 7578

Unterteil Anbauwand 420

Eiche, Entwurf um 1935

ERNST MAX JAHN

*1889 in Berlin | †1979 in Leipzig

Über Ernst Max Jahn ist heute kaum noch etwas bekannt, obwohl er, vor allem nach dem
Zweiten Weltkrieg, einer der wichtigsten Gestalter der Deutschen Werkstätten war.
Nach einer Lehrausbildung im Handwerk arbeitete er bei der Firma Carl Müller in Leipzig,
wo er sich zum Innenarchitekten ausbilden ließ. Parallel dazu studierte er an der dortigen
Kunstgewerbeschule. Anfang der 1920er Jahre wurde er das erste Mal als freier Mitarbeiter der Deutschen Werkstätten geführt, für die er in den folgenden Jahrzehnten
sehr erfolgreich und im großen Umfang Möbel entwarf. Darüber hinaus war er an zahl-
reichen Innenausbau-Projekten des Unternehmens beteiligt, zum Beispiel beim Ausbau
der DDR-Botschaft in Prag (1954/55). Für die Neuausstattung der Kreuzfahrtschiffe
Pobeda und *Russ* (1949–1951) übernahm Jahn die Gestaltung der Gesellschaftsräume
in der ersten Klasse.

Schlafzimmer 7791

um 1955

RUSS (1952)

Sowjetunion | Warnowwerft (Rostock-Warnemünde) | 159,8 m

Die *Russ* war ursprünglich als *Cordillera* bei Blohm & Voss in Hamburg gebaut worden und fuhr ab 1933 für den Mittelamerikadienst der HAPAG. Während des Zweiten Weltkriegs wurde sie zunächst als Wohnschiff und später als Kasernenschiff genutzt. Von einer Fliegerbombe getroffen, kenterte die *Cordillera* im März 1945 nahe Swinemünde (heute Polen). Das hoch aus dem Wasser ragende Wrack wurde nach dem Krieg geborgen und im Auftrag der Sowjetunion nach War-

nemünde in die Warnowwerft geschleppt, wo das Schiff generalüberholt wurde. Zur *Russ* umbenannt pendelte der ehemalige HAPAG-Dampfer ab 1952 als Linienschiff zwischen Wladiwostok und Petropawlowsk.

Die Deutschen Werkstätten hatten bereits auf der *Cordillera* den Speisesaal der ersten Klasse ausgebaut und taten dies erneut, als das Schiff in der Warnowwerft zur *Russ* umgebaut wurde. Darüber hinaus übernahmen sie auch die Ausstattung des Gesellschafts- und Musiksalons der ersten Klasse. Die Entwürfe dafür lieferte – wie bei der Pobeda – Ernst Max Jahn.

Musiksalon I. Klasse

mit Tanzfläche und Flügel

Speisesaal I. Klasse

Vertäfelung aus Mahagoni

Speisesaal I. Klasse

Blick zum Treppenaufgang

NACHWORT

**Jan Jacobsen | Geschäftsführer
der Deutsche Werkstätten Hellerau GmbH**

Warum es die Deutschen Werkstätten noch gibt

Museen beschäftigen sich mit der Vergangenheit. Das tun wir mit der vorliegenden Publikation zum Schiffsausbau auch. Nur dass wir uns nie als »Museumsstück« gesehen haben, sondern als kreatives und innovatives Unternehmen, das auf der Höhe seiner Zeit ist.

Als die Kuratorin des Victoria & Albert Museums aus London vor einiger Zeit bei uns anrief und uns um Unterstützung für die Ausstellung »Ocean Liners: Speed and Style« bat, konnte sie ihre Überraschung – und Freude! – darüber kaum verhehlen, dass es die Deutschen Werkstätten »immer noch gibt«, dass wir auch 120 Jahre nach der Unternehmensgründung noch bestehen und auf höchstem Niveau arbeiten.

Das ist keine Selbstverständlichkeit. Immerhin hatten wir seit unserer Gründung zwei Weltkriege, die deutsche Teilung und die Wiedervereinigung zu bewältigen.

Insofern sehen Sie es mir bitte nach, wenn ich mir in diesem Nachwort nicht nur Gedanken zu unserem heutigen Schiffsausbau mache, sondern die Gelegenheit nutze, einen Bogen von unserer Vergangenheit in die Zukunft zu schlagen. Ohne dieses Bewusstsein für unsere Tradition lässt sich diese Entwicklung kaum beschreiben.

Die Geschichte der Deutschen Werkstätten war stets von Unternehmerpersönlichkeiten mit Weitblick geprägt. Karl Schmidt, der Unternehmensgründer, besaß den Mut und die Fantasie, schon zu Beginn des 20. Jahrhunderts die Marine in Kiel und die großen deutschen Reedereien von seiner Vision des modernen und eleganten Schiffsausbaus zu überzeugen.

Neunzig Jahre später knüpfte der neue Eigentümer Fritz Straub daran an und vermochte es, die Werften in Bremen und Kiel für die unverändert hohe Qualität der Deutschen Werkstätten zu begeistern und diese mit der Einrichtung privater Superyachten zu betrauen. Seit beinahe 20 Jahren sind wir nun in dieser »Königsklasse« des Innenausbaus tätig.

Die internationalen Auftraggeber und Eigentümer dieser Yachten sind in gewisser Weise die direkten Nachfolger der Transatlantik-Passagiere der ersten Hälfte des 20. Jahrhunderts. Ihre hohen Ansprüche an Qualität, Luxus, Schönheit, Komfort und Modernität sind für uns Ansporn, Handwerksleistungen auf höchstem Niveau mit High-Tech-Ingenieurskunst zu verbinden. Unser Handwerk verstehen wir als Kulturgut, und wir sind stolz darauf, in Deutschland kostbare Dinge von Hand zu fertigen.

Unsere Branche ist klein und relativ übersichtlich, man kennt sich untereinander und pflegt einen respektvollen Umgang miteinander. Der Bau dieser Schiffe ist das Werk von vielen Händen und Köpfen, jeder hat seine Aufgabe und seine Spezialisierung. Als Architekt begeistert mich genau das: die Zusammenarbeit von Designern, Werftmitarbeitern und unseren Tischlern mit dem Ziel einer Maßanfertigung für einen Kunden, der ein Einzelstück bestellt hat.

Die Persönlichkeit unserer Auftraggeber kommt in dem fertigen Schiff zum Ausdruck. Der Weg dorthin dauert nicht selten mehrere Jahre und bedarf einer intensiven Betreuung. Dafür haben wir eine starke, selbstbewusste Gemeinschaft von Mitarbeitern und Mitarbeiterinnen aufgebaut, die sich entfalten können und Verantwortung übernehmen. Wer je gesehen hat, wie unsere Innenräume gefertigt und an Bord montiert werden, mit welchem Engagement und welcher Leidenschaft unsere Tischler ihre Aufgaben erfüllen, weiß, wovon ich rede. Und hier kann man den Geist unseres Unternehmens am besten erahnen.

Der Innenausbau von mobilen Räumen unterliegt seinen eigenen Gesetzmäßigkeiten und unterscheidet sich stark von den Anforderungen des Hochbaus. Technisches Know-how, innovative Lösungen und Expertise sind ebenso gefragt wie Präzision, Perfektion und der Mut, neue Dinge auszuprobieren. Getreu dem Motto unseres Unternehmensgründers Karl Schmidt, »die Dinge nicht nur anders, sondern besser zu machen«. Diesen Geist und diese Einstellung halten wir bei uns lebendig.

Und die Zukunft? Um die ist uns nicht bange. Ein Charakteristikum der Deutschen Werkstätten ist die stetige Weiterentwicklung: Konstruktionszeichnungen in 3D, eine eigene Forschungs- und Entwicklungsabteilung und vielfältige Sonderoberflächentechnik sind nur drei Beispiele für unsere unvermindert hohe Innovationskraft.

Was vor 120 Jahren als Kombination aus Handwerk und Maschinenleistung begann, setzt sich heute als Symbiose aus

Handwerk und High-Tech fort. Unsere Wertschöpfungskette beginnt im Engineering-Bereich, wo unsere findigen Ingenieure Lösungen austüfteln, die von den Kollegen in der Fertigung umgesetzt werden und dann, als Einzelbauteile und Baugruppen, an ihrem Bestimmungsort von unseren eigenen Monteuren millimetergenau montiert werden. Nur so ist die höchste Qualitätsstufe zu erreichen.

Wir werden dem Yachtausbau treu bleiben. Der Innenausbau von Privatflugzeugen oder auch Luxuszügen gehört folgerichtig in diese Entwicklung. Vieles, was wir beim Yachtbau gelernt haben, wenden wir bereits bei Hochbauprojekten in Villen, Chalets und Apartments an, für die wir den gesamten Innenausbau verantworten. Gut möglich, dass wir auch wieder eigene Möbel entwerfen und bauen. Dem Aufbau unserer Marke und der Differenzierung im Markt gehört unser besonderes Augenmerk.

Übrigens haben wir auch vor, noch weiter zu wachsen: Auf einem Grundstück in unmittelbarer Nähe zu unserem Unternehmenssitz in Dresden-Hellerau soll ein Campus entstehen, auf dem wir ein neues Verwaltungsgebäude mit angeschlossener Akademie zur Ausbildung unserer Mitarbeiter errichten wollen. Vielleicht ist dort auch noch Platz für ein kleines Museum, in dem wir unsere Unternehmensgeschichte stets vor Augen haben.

An Ideen, wie Sie sehen, mangelt es uns nicht. Sie sind herzlich eingeladen, bei deren Umsetzung als Auftraggeber, Designer, Mitarbeiter oder Besucher teilzuhaben. Ich bin zuversichtlich, dass Sie den Geist von Hellerau bei Ihrer Begegnung mit den Deutschen Werkstätten verspüren werden.

Ihr Jan Jacobsen

MY A (2008)
Modernes Yacht-Design

HISTORISCHER SCHIFFSINNENAUSBAU DURCH DIE DEUTSCHEN WERKSTÄTTEN

Für die folgenden Schiffe ist eine Beteiligung der Deutschen Werkstätten im Innenausbau nachweisbar. Darüber hinaus gibt es konkrete Hinweise für eine Beteiligung an weiteren Projekten, darunter die *Columbus* (1913), die *Cap Arcona* (1927), die *General Osorio* (1929) und die *Juri Dolgoruki* (1960).

*   Jahresangabe bezieht sich auf das Datum des Stapellaufs (Schiff wurde unter diesem Namen nicht in Dienst gestellt)

**   Jahresangabe bezieht sich auf Fertigstellung der Modernisierung

Indienststellung		HOCHSEESCHIFFE
1904		**PRINZ ADALBERT** **Kaiserliche Marine | Kaiserliche Werft Kiel** **126,5 m | 6 070 BRT** Beitrag Deutsche Werkstätten: Offiziersmesse (Entwurf: Richard Riemerschmid)
1905		**BERLIN** **Kaiserliche Marine | Kaiserliche Werft Danzig** **111,1 m** Beitrag Deutsche Werkstätten: Offiziersmesse, Kommandantensalon (Entwurf: Richard Riemerschmid)
1906		**ROON** **Kaiserliche Marine | Kaiserliche Werft Kiel** **127,8 m** Beitrag Deutsche Werkstätten: Offiziersmesse, Kommandantensalon (Entwurf: Richard Riemerschmid)
1907		**DANZIG** **Kaiserliche Marine | Kaiserliche Werft Danzig** **111,1 m** Beitrag Deutsche Werkstätten: Offiziersmesse, Kommandantensalon (Entwurf: Richard Riemerschmid)
1907		**KRONPRINZESSIN CECILIE** **Norddeutscher Lloyd | AG Vulcan, Stettin** **215,3 m | 19 360 BRT** Beitrag Deutsche Werkstätten: Kaiserzimmer (Entwurf: Richard Riemerschmid)

0   50   100   150   200   250   300

Indienststellung	HOCHSEESCHIFFE

1914*

J. H. BURCHARD

HAPAG | J. C. Tecklenborg, Geestemünde
187,4 m | 19 980 BRT
Beitrag Deutsche Werkstätten: Treppenhaus (Entwurf: Karl Bertsch), Damensalon (Entwurf: Adelbert Niemeyer), Suiten (Entwurf: Richard Riemerschmid und Adelbert Niemeyer)

1922

THURINGIA

HAPAG | Howaldtswerke, Kiel
150,9 m | 11 251 BRT
Beitrag Deutsche Werkstätten: Speisesaal

1923

WESTPHALIA

HAPAG | Howaldtswerke, Kiel
150,9 m | 11 254 BRT
Beitrag Deutsche Werkstätten: Treppen

1924

DEUTSCHLAND

HAPAG | Blohm & Voss, Hamburg
191,2 m | 20 602 BRT
Beitrag Deutsche Werkstätten: Staatszimmer (Entwurf: Adelbert Niemeyer und Bruno Paul), Damenschreibzimmer (Entwurf: Adelbert Niemeyer), Treppenhaus II. Klasse

1924

NJASSA

HAPAG | Blohm & Voss, Hamburg
132,1 m | 8 754 BRT
Beitrag Deutsche Werkstätten: Speisesaal I. Klasse, Damensalon I. Klasse

0   50   100   150   200   250   300

HOCHSEESCHIFFE

1926

HAMBURG

HAPAG | Blohm & Voss, Hamburg
193,5 m | 21 455 BRT
Beitrag Deutsche Werkstätten: Damensalon II. Klasse
(Entwurf: Karl Bertsch)

1927

NEW YORK

HAPAG | Blohm & Voss, Hamburg
193,5 m | 21 455 BRT
Beitrag Deutsche Werkstätten: Damensalon II. Klasse,
Speisesaal II. Klasse (Entwurf: Karl Bertsch)

1928

MAGDALENA

HAPAG | F. Schichau, Danzig
147,5 m | 9 660 BRT
Beitrag Deutsche Werkstätten: Gesellschaftshalle
I. Klasse (Entwurf: Karl Bertsch)

1928

ORINOCO

HAPAG | Bremer Vulkan
147,5 m | 9 660 BRT
Beitrag Deutsche Werkstätten: Gesellschaftshalle
I. Klasse (Entwurf: Karl Bertsch)

1929

BREMEN

Norddeutscher Lloyd | DeSchiMAG, Bremen
286,1 m | 51 656 BRT
Beitrag Deutsche Werkstätten: Luxussuite I. Klasse
(Entwurf: Bruno Paul), Rauchsalon III. Klasse

0   50   100   150   200   250   300

HOCHSEESCHIFFE

1929 · MILWAUKEE

HAPAG | Blohm & Voss, Hamburg
175,5 m | 16 699 BRT
Beitrag Deutsche Werkstätten: Rauchsalon III. Klasse
(Entwurf: Karl Bertsch)

1929 · ST. LOUIS

HAPAG | Bremer Vulkan
174,9 m | 16 732 BRT
Beitrag Deutsche Werkstätten: Rauchsalon III. Klasse
(Entwurf: Karl Bertsch)

1933 · CARIBIA

HAPAG | Blohm & Voss, Hamburg
159,9 m | 12 049 BRT
Beitrag Deutsche Werkstätten: Speisesaal I. Klasse
(Entwurf: Karl Bertsch)

1933 · CORDILLERA

HAPAG | Blohm & Voss, Hamburg
159,8 m | 12 055 BRT
Beitrag Deutsche Werkstätten: Speisesaal I. Klasse
(Entwurf: Karl Bertsch)

1938 · BOISSEVAIN

Koninklijke Paketvaart Maatschappij
Blohm & Voss, Hamburg | 170,5 m | 14 134 BRT
Beitrag Deutsche Werkstätten: Speisesaal,
Gesellschaftshalle, Vestibül, Treppenhäuser
(Entwurf: Bruno Paul)

0   50   100   150   200   250   300

HOCHSEESCHIFFE

1938

WILHELM GUSTLOFF

Deutsche Arbeitsfront | Blohm & Voss, Hamburg
208,5 m | 25 484 BRT
Beitrag Deutsche Werkstätten: Große Halle
(Entwurf: Woldemar Brinkmann)

1939

ROBERT LEY

Deutsche Arbeitsfront | Howaldtswerke, Hamburg
203,8 m | 27 288 BRT
Beitrag Deutsche Werkstätten: Wintergarten, Sporthalle

1950

ASIA

Sowjetunion | Warnowwerft, Rostock-Warnemünde
149,5 m | 11 453 BRT
Beitrag Deutsche Werkstätten: Gesellschaftssalon
II. Klasse

1952**

POBEDA

Sowjetunion | Wismarer Reparaturwerft
148,1 m | 9 829 BRT
Beitrag Deutsche Werkstätten: Restaurant I. Klasse,
Restaurant und Speisesaal II. Klasse, Musiksalon I. Klasse,
diverse Kabinen (Entwurf: Ernst Max Jahn)

1952

RUSS

Sowjetunion | Warnowwerft, Rostock-Warnemünde
159,8 m | 12 931 BRT
Beitrag Deutsche Werkstätten: Speisesaal I. Klasse,
Musik- und Gesellschaftssalon I. Klasse
(Entwurf: Ernst Max Jahn)

0   50   100   150   200   250   300

HOCHSEESCHIFFE

1953

ALEXANDER MOSCHAISKI

Sowjetunion | Mathias-Thesen-Werft, Wismar
152,4 m | 9 922 BRT
Beitrag Deutsche Werkstätten: Rauchsalon I. Klasse,
Musiksalon I. Klasse

1957

ADMIRAL NACHIMOW

Sowjetunion | Warnowwerft, Rostock-Warnemünde
174,3 m | 17 053 BRT
Beitrag Deutsche Werkstätten: Speisesaal I. Klasse

BINNENSCHIFFE

1929

LEIPZIG

Sächsisch-Böhmische Dampfschiffahrt
Schiffswerft Laubegast | 70,1 m
Beitrag Deutsche Werkstätten: Fahrgasträume,
Treppenhaus (Entwurf: Karl Bertsch)

1929

ALLGÄU

Deutsche Reichsbahn | Deggendorfer Werft
und Eisenbau | 60,5 m
Beitrag Deutsche Werkstätten: Fahrgasträume I. Klasse,
Treppenhaus

1935

DEUTSCHLAND

Deutsche Reichsbahn | Deggendorfer Werft
und Eisenbau | 56,5 m
Beitrag Deutsche Werkstätten: Fahrgasträume I. Klasse,
Treppenhaus

| 0 | 50 | 100 | 150 | 200 | 250 | 300 |

PERSONEN

Adalbert von Preußen (1811–1873)
S. 42

Appia, Adolphe (1862–1928)
S. 31

Ballin, Albert (1857–1918)
S. 16, 21, 92

Beckerath, Willy von (1868–1938)
S. 103

Bertsch, Karl (1873–1933)
S. 21, 72, 91, 95, 96, 103, 107, 108, 150, 154, 190–192, 194

Breuhaus de Groot, Fritz August (1883–1960)
S. 21, 32, 122

Brinkmann, Woldemar (1890–1959)
S. 140, 193

Burchard, Johann Heinrich (1852–1912)
S. 70–72, 76, 91

Davis, Arthur Joseph (1878–1951)
S. 19

Jahn, Ernst Max (1889–1979)
S. 171, 177, 178, 193

Jaques-Dalcroze, Émile (1865–1950)
S. 31

Junge, Margarete (1874–1966)
S. 32

Krumbiegel, Wilhelm (1886–1960)
S. 145

Mewès, Charles (1860–1914)
S. 17, 19

Mies van der Rohe, Ludwig (1886–1969)
S. 137

Muthesius, Hermann (1861–1927)
S. 29, 72

Niemeyer, Adelbert (1867–1932)
S. 19, 72, 75, 82, 85–87, 91, 103, 190

Olbrich, Josef Maria (1867–1908)
S. 14, 16, 26, 64

Paul, Bruno (1874–1968)
S. 14, 16, 32, 64, 82, 122, 132, 137, 190–192

Pechmann, Günther von (1882–1968)
S. 25, 32

Poelzig, Hans (1869–1936)
S. 145

Poppe, Johann Georg (1837–1915)
S. 14, 16, 64

Riemerschmid, Richard (1868–1957)
S. 14, 16, 27–29, 38, 41, 42, 45, 46, 53, 55, 64, 67, 72, 74, 75, 189, 190

Salzmann, Alexander von (1874–1934)
S. 31

Schmidt, Karl (1873–1948)
S. 24–26, 29, 31, 38, 40, 53, 103, 184, 185

Tirpitz, Alfred von (1849–1930)
S. 36

Troost, Paul Ludwig (1878–1934)
S. 21

Wenz-Viëtor, Else (1882–1973)
S. 32

Wilhelm II. (1859–1941)
S. 14, 36

QUELLEN

Archive

- Architekturmuseum der Technischen Universität München
- Sächsisches Staatsarchiv – Hauptstaatsarchiv Dresden
- SLUB – Deutsche Fotothek
- Schiffbau- und Schifffahrtsmuseum Rostock

Zeitschriften

- Dekorative Kunst
- Innendekoration
- Kunst und Handwerk
- Kunstgewerbeblatt
- Werft, Reederei, Hafen

Literatur (Auswahl)

- Arnold, Klaus-Peter: Vom Sofakissen zum Städtebau. Die Geschichte der Deutschen Werkstätten und der Gartenstadt Hellerau, Dresden/Basel 1993.
- Finamore, Daniel/Wood, Ghislaine (Hg.): Ocean Liners, London 2018.
- Fritz, Karl F./Jäckle, Reiner: Der Siegeszug der Motorschiffe auf dem Bodensee, Erfurt 2015.
- Kludas, Arnold: Die Geschichte der deutschen Passagierschiffahrt, 5 Bde., Augsburg 1994.
- Kludas, Arnold: Die Geschichte der Hapag-Schiffe, 5 Bde., Bremen 2007 – 2010.
- Müller, Frank/Quinger, Wolfgang: Die Dresdner Raddampferflotte, Bielefeld 2007.

- Nerdinger, Winfried (Hg.): Richard Riemerschmid. Vom Jugendstil zum Werkbund. Werke und Dokumente, München 1982.
- Rothe, Claus: Deutsche Ozeanpassagierschiffe. 1896 bis 1918, Berlin [Ost] 1986.
- Rothe, Claus: Deutsche Ozeanpassagierschiffe. 1919 bis 1985, Berlin [Ost] 1987.
- Schwerdtner, Nils: German Luxury Ocean Liners. From Kaiser Wilhelm der Grosse to AIDAstella, Gloucestershire 2013.
- Thiel, Reinhold: Die Geschichte des Norddeutschen Lloyd 1857 – 1970, 5 Bde., Bremen 1999.
- Trennheuser, Matthias: Die innenarchitektonische Ausstattung deutscher Passagierschiffe zwischen 1880 und 1940, Bremen 2010.
- Wiborg, Susanne/Wiborg, Klaus: 1847 – 1997. Unser Feld ist die Welt. 150 Jahre Hapag-Lloyd, Hamburg 1997.
- Wichmann, Hans: Aufbruch zum neuen Wohnen. Deutsche Werkstätten und WK-Verband 1898 – 1990, München 1992.
- Wilson, Edward A.: Soviet Passenger Ships 1917 – 1977, Kendal 1978.
- Witthöft, Hans Jürgen: Gebaut bei Blohm + Voss, Hamburg 2004.
- Ziffer, Alfred (Hg.): Bruno Paul. Deutsche Raumkunst und Architektur zwischen Jugendstil und Moderne, München 1992.

ABBILDUNGEN

akg-images
S. 7 o., 46 o., 60, 61, 118/119, 142/143

akg-images / Sputnik
S. 170

Architekturmuseum der TU München
S. 45 u., 46 u., 74 l., 75 l.

Archiv Schiffbau- und Schifffahrtsmuseum
Rostock / Foto: Erhard Schäfer
S. 166, 179, 180/181, 181, 182/183

Arkivi-Bildagentur
S. 56, 64, 82, 88/89, 92, 96, 111 u., 154

BArch, Bild 183-64573-0001 / Mellahn
S. 168

Bayerische Staatsbibliothek München,
4 Art. 49 sk-13
S. 69 u. l.

Bayerische Staatsbibliothek München,
4 Art. 49 sk-14
S. 43, 44, 45 o., 50/51, 51

Bayerische Staatsbibliothek München,
4 Art. 49 sk-16
S. 66

Bayerische Staatsbibliothek München,
4 Art. 49 sk-25/26#25
S. 73, 74 o. r., 74 u. r.

Bayerische Staatsbibliothek München,
4 Art. 49 sk-25/26#26
S. 69 o. m.

bpk
S. 97

bpk / Kunstbibliothek, SMB / Knud Petersen
S. 81

Breuhaus de Groot, Fritz August (Hg.):
Der Ozean-Express »Bremen«, München 1930, S. 141
S. 123

Cauer Collection, Germany / Bridgeman Images
S. 21, 95, 112

Deutsche Werkstätten
S. 4 o., 18, 34/35

Deutsches Schifffahrtsmuseum
S. 124

Guillaume Plisson
S. 186/187

Historisches Museum Bremerhaven
S. 70, 70/71

Hulton Archive / Getty Images
S. 12

INTERFOTO / Mary Evans / ONSLOW AUCTIONS LIMITED
S. 127

INTERFOTO / Mary Evans / Peter & Dawn Cope Collection
S. 80

Jim Heimann Collection / Getty Images
S. 143

Kunstgewerbemuseum, Staatliche Kunstsammlungen Dresden
S. 5 u., 6 u. l., 7 u., 9 u., 52 l., 52 r., 90 u., 102 u., 136 u., 176

IMPRESSUM

© 2018
Sandstein Verlag, Dresden, und Herausgeber

Herausgeber
Deutsche Werkstätten

Redaktion
Konstantin Kleinichen, Deutsche Werkstätten

Bildredaktion
Steffen Jungmann

Lektorat
Christine Jäger-Ulbricht, Sandstein Verlag

Gestaltung
Michaela Klaus, Sandstein Verlag

Covergestaltung
Sandra Püschel, Deutsche Werkstätten

Satz und Reprografie
Gudrun Diesel, Jana Neumann, Sandstein Verlag

Druck und Verarbeitung
FINIDR s.r.o., Český Těšín

Die Deutsche Nationalbibliothek verzeichnet diese Publikation
in der Deutschen Nationalbibliografie; detaillierte bibliografische
Daten sind im Internet über http://dnb.dnb.de abrufbar.

www.sandstein-verlag.de
ISBN 978-3-95498-421-3